U0933982

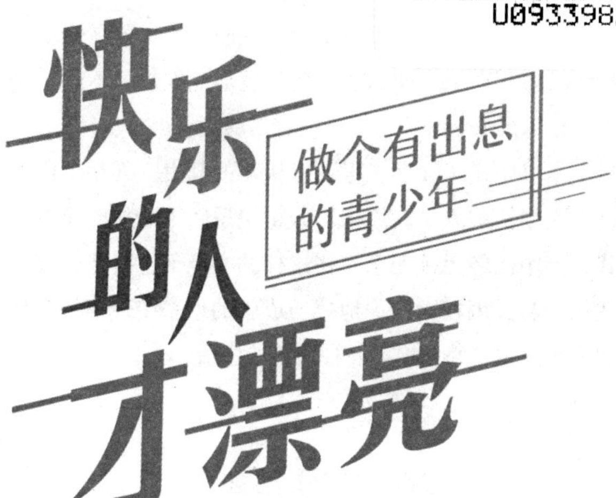

快乐的人才漂亮

做个有出息的青少年

郑斌◎编著

中国纺织出版社有限公司

内 容 提 要

越简单越快乐，因为简单，我们的心很容易知足，哪怕是生活中一个细小的惊喜，我们也会变得快乐不已，这时快乐已经不再那么奢侈，而是很容易就能获得。

本书阐述了许多人生可以快乐的理由，列举了许多克服忧虑、烦恼的方法，原来，获得快乐的生活如此简单，当现代人心中已经无欲无求，在这样的心境下，自然就容易变得快乐。与其困在财富、地位与成就的壁垒中迷惘，不如尝试以一颗简单的心，追求一种简单的生活。

图书在版编目（CIP）数据

快乐的人才漂亮／郑斌编著. --北京：中国纺织出版社有限公司，2020. 9（2023.5重印）
（有个有出息的青少年）
ISBN 978-7-5180-7426-6

Ⅰ. ①快… Ⅱ. ①郑… Ⅲ. ①快乐—青少年读物
Ⅳ. ①B842.6-49

中国版本图书馆CIP数据核字（2020）第079323号

责任编辑：张　宏　　责任校对：韩雪丽　　责任印制：储志伟

中国纺织出版社有限公司出版发行
地址：北京市朝阳区百子湾东里 A407 号楼　邮政编码：100124
销售电话：010—67004422　传真：010—87155801
http：//www.c-textilep. com
中国纺织出版社天猫旗舰店
官方微博 http：//weibo.com/2119887771
永清县晔盛亚胶印有限公司印刷　各地新华书店经销
2020年9月第1版　2023年5月第2次印刷
开本：880×1230　1/32　印张：6
字数：109千字　定价：48.00元

凡购本书，如有缺页、倒页、脱页，由本社图书营销中心调换

前言

现代社会，人们因忙碌生活而倍感压力，许多人总是抱怨："为什么我的生活总是不能丰富多彩？为什么我与快乐永远无缘？难道是我做错了什么？为什么上帝要如此惩罚我？"假如有人建议他们需要保持快乐与活力，他们则会反驳："什么？你以为我们不想吗？可是生活、工作上的压力让我们无法抬头，更别说是有闲心去玩乐了。"其实，并不是繁重的工作让他们感到疲惫不堪，真正的罪魁祸首是生活中的单调、无聊和烦闷，聪明人会花费大量的时间来游戏，而且游戏的时间一点都不比工作时间少，他们这样做就是为了让自己的生活内容有所改变，从而让自己有新鲜和有趣的感觉。

确实，保持快乐与活力能够让人忘记许多不愉快的事情，反之，假如我们总是让一些不愉快的、令人厌恶的、死气沉沉的事情伴随左右的话，那我们的生活将是一团糟。不仅仅是生活失去了快乐与活力，而且我们的健康也将会出现问题。健康对于每一个人来说都是最宝贵的，华盛顿健康中心的道尔博士经过研究发现，假如人每天都生活在痛苦、烦恼、沮丧和不安之中，那么他们患上疾病的概率要比那些终日充满活力、感到快乐的人大很多。

快乐与活力是情绪上的，假如你每天都能保持快乐的情绪，那么你就不会有压力，这样你患病的几率就小了很多。活力是支配人做事的动力，假如你每天都充满了活力，那你就不会觉得生活和工作的压力很大，反之，你会觉得处理一切都是得心应手的。

那怎么样做才能让自己永远保持快乐与活力呢？忙碌是现代社会中大多数人的一种生活状态。不幸的是，与身体的操劳相伴随而来的，还有内心的忙乱急躁、焦虑不堪。所谓“身之主宰便是心”，倘若在忙碌的生活中不能给内心留一份悠闲，而使其深受烦恼与担忧所累，便更难在为人处世之时做到游刃有余、潇洒自在。

编著者

2019年6月

目录

上篇　随性一点，活出一份从容与洒脱

下篇 淡定一些，你看到的风景更美

上篇

随性一点，活出一份从容与洒脱

第1章　调整心态，接纳生活所有的一切

要想拥有从容淡定的人生、潇洒不羁的生活，就要摆正自己的心态，以豁达宽广的心胸面对生活。在生活中，有很多事情都是我们难以预料的，因此无法提前做好应对的措施。那么，我们能做的是什么呢？我们唯一能做的就是调整自己的心态，以不变应万变，这样才能从容地生活，潇洒地行走在人生的旅途上。

心胸狭隘的人，注定难成大器

人生既有坦途，也有泥泞，甚至还有很多看似难以逾越的鸿沟天堑。每一个人，都行走在人生这条路上，既要应对脚下或崎岖或坎坷的路，也要面对无法预知的未来。对于大多数人来说，生活中最难以面对和接受的就是失败和失去。生活中，几乎每个人都有各种各样的欲望，希望得到一些梦寐以求的东西。因此，我们为了成功而不懈地奋斗着，从来不愿意停下自己的脚步，即使已经非常疲劳了，而一旦没有像预期的那样取得成功，我们往往很难面对失败；生活中，既有得到，也有失去，有些失去我们能够坦然面对，有些失去却让我们难以释怀，诸如失去名利，失去亲友，失去最在乎的一段感情等。很

多时候，人们之所以痛苦纠结，就是因为无法平心静气地面对一切。面对人生的风风雨雨，我们应该欣然接受。只有这样，才能使自己的人生之路走得更加从容淡定。

其实，成功和失败并不像人们所想象的那样水火不容，而是一个事情的两面，它们既对立又共存，是一个有机的整体。在某一段时间内，你会觉得自己的人生是一帆风顺的，不管做什么事情都很顺利，因此你很容易就成功了。这个时候，如果你骄傲自满、疏忽大意，失败会突然给你沉重的一击；反之，也许你有的时候觉得自己万事不顺，不管做什么事情，都一波三折，然而只要坚持下去，终有一天你会获得成功。因此，成功和失败只是现实的两个概念罢了，并没有具体的定义和标准。在做一件事情的时候，人们往往会根据自己的感受给自己作出成功或者失败的评价。其实若能够换一个角度来看，失败也是一种宝贵的经验和财富。在失败的过程中，人们更加深刻地感悟到了人生的真谛，并且还能收获宝贵的经验。

有时，失去恰恰意味着一种得到。我们失去了无忧无虑的童年，却得到了意气风发的青年时代；我们失去了一段感情，却得到了很多对于感情的感悟和体验；我们失去了年迈的长辈，却迎来了新的生命，一代又一代人正是如此传承的。世界级小提琴家帕格尼尼用苦难的琴弦把音乐演奏到极致；德国的伟大音乐家贝多芬在听力完全丧失以后创作了最杰出的乐章；俄国的伟大诗人普希金，在受到沙皇压迫远离家园的条件下完

成了最杰出的诗作。在苦难接踵而至的时候，他们为什么会有这样辉煌的成就呢？答案其实很简单，就是因为他们有一颗平常心，不计较利害得失。一位名人曾经说过："人们最杰出的成就往往是身处逆境时做出的。思想上的压力，甚至肉体上的痛苦，都有可能成为人们精神上的兴奋剂。"只要勇敢地面对，"残缺"是可以战胜的。当然，人生中需要面对的事情远远不止这些，而不管面对什么，只要我们能够摆正心态，欣然接受这一切，就能够从容地走好人生之路。既然无法逃避，那么就选择坦然面对。

海伦·凯勒一岁半的时候，突发急性脑充血病，连日高烧，昏迷不醒。当她苏醒过来，眼睛烧瞎了，耳朵烧聋了，灵巧的小嘴也不会说话了。从此，她坠入了一个无声的黑暗世界，陷入了深深的痛苦之中。

虽然一个人在无声、无光的世界里，几乎不可能与他人进行有声的交流，但是，海伦并没有放弃希望，而是依靠自己的顽强努力创造了一个奇迹。为此，她付出了常人难以想象的艰辛。

1894年夏天，海伦出席了美国聋哑人语言教学促进会，并且到纽约赫马森聋哑人学校学习数学、自然、法语、德语。在很小的时候，海伦就自信地说："终有一天，我要去大学读书！我要去哈佛大学学习！"这一天终于到来了。为了安排海伦入学，哈佛大学拉德克利夫女子学院以特殊的方式为她安排

了考试。历时9个小时，海伦顺利地通过了各科考试，其中，英文和德文取得了优等成绩。海伦终于如愿以偿地开始了大学生活。

1904年6月，海伦以优异的成绩从拉德克利夫学院毕业。又过了两年，她被任命为麻萨诸塞州盲人委员会主席，开始为盲人服务。在繁忙的工作中，海伦勤于写作，先后完成了14部著作。她的很多著作都在世界范围内产生了影响，诸如《我生活的故事》《石墙之歌》《走出黑暗》《乐观》等。海伦的最后一部作品是《老师》，在创作这本书的过程中，她曾经搜集了20年的信件和笔记，但是，这所有东西和四分之三的文稿却都在一场火灾中付之一炬，布莱叶文图书室、各国赠送的精巧工艺礼品也和它们一同被烧毁了。假如换一个人，很有可能会心灰意冷，但是海伦却没有。她非常坚强，痛定思痛，默默地坐到了打字机前，再次开始了艰难的创作之路。十年之后，海伦完成了书稿。她非常欣慰，把这本书作为一份厚礼献给安妮老师。

1956年11月15日，海伦用颤抖的手揭开了竖立在美国波金斯盲童学校入口处的一块匾额上的幕布，上面赫然写着："纪念海伦·凯勒和安妮·苏莉文·麦西。"对于海伦，著名作家马克·吐温评价道："19世纪出现了两个伟大的人物，一个是拿破仑，另一个就是海伦·凯勒。"

毫无疑问，海伦·凯勒之所以能够成就自己的人生，就

是因为她坦然面对了命运所赐予她的一切，不管是幸运的还是不幸的。作为常人，很难想象一个人怎样生活在无边的黑暗之中，而且还是一个无声的世界。然而，就是在这样不可能的情况下，海伦不仅完成了自己的学业，而且还创作了很多具有影响力的著作。比起海伦来，我们显然幸运得多，但我们之中的很多人却无法做到像海伦那样坦然地面对生活。因此，我们应该好好向海伦学习，欣然接受命运所赐予我们的一切。

虽然我们无法改变命运，但是我们可以改变自己，怀着一颗平常心，从容地做人做事。既然无法改变命运的安排，就要学会接受，坦然地面对生活。

不计较得失，才是真正有智慧的人

在生活中，人们每时每刻都在面临着取舍，因此也就自然而然地出现了得失。通常，人们认为取就是得，舍就是失，却没有想过，世间的万事万物都要保持平衡，人也是一样的，必须有舍有得才能维持生存之道的平衡。要想拥有坦然淡定的人生，就要放下得失心，拥有豁达的心胸，做到“取所得时拿得起，舍所去时放得下”。面对得失的心境不同，很多人的人生也因此而不同。倘若人们心胸开阔，能够坦然面对得失，那么，就能够在失去的同时获得很多的收获。反之，倘若

人们心胸狭隘，总是患得患失，就会在无形之中失去很多美好的心情，就会离快乐越来越远。通常情况下，因为人们的心态不同，所以客观事物在人们心中所折射出来的心境也是不一样的，从而决定了人们对待同一件事情也会做出截然不同的反应。

在阿尔及利亚，很多农民的玉米都被猴子偷吃过。特别是晚上，农民无法彻夜照看玉米地，因此玉米常常被猴子洗劫一空。刚开始的时候，农民们拿猴子一点儿办法也没有，后来，他们发现猴子有一个特点，即贪得无厌。因此，他们根据猴子的这个特点发明了一种捕捉猴子的有效方法。农民先在一只只葫芦形的细颈瓶子中放入猴子最爱吃的玉米，然后把它们固定在一棵大树，最后只需要静静地等着猴子上钩就可以了。

晚上，猴子们又来到玉米地里，他们发现瓶子里居然有玉米，非常高兴，不假思索地就把爪子伸进瓶子里去抓玉米。然而，它们却发现自己上当了。原来，这瓶子的妙处就在于猴子的爪子刚刚能伸进去，但是，等到它抓到一把玉米时，却怎么也抽不出爪子来了。其实，只要猴子把爪子中的玉米撒开就能把爪子从瓶子里抽出来了；但是，猴子太贪婪了，根本不舍得放开到手的玉米，这就导致它们的爪子怎么也抽不出来。因此，它们不得不守在瓶子旁边。直至次日早晨，农民抓住它们的时候，它们还在紧紧地抓着玉米不放手。

在这个事例中，那些可怜的猴子原本能够重获自由，但是

却由于贪婪而丧失了自己的自由，甚至生命。在生活中，有很多人也和这些猴子一样，他们为了满足自己无休无止的欲望而失去很多珍贵的东西。为了生存，我们透支着体力和精力，越来越多的人过劳而死；为了财富和地位，我们失去了健康和快乐，甚至不惜危害生命健康；为了爱情，我们透支着青春，使自己的情感河流渐渐枯竭。这一切和猴子为了玉米而失去最宝贵的自由和生命又有什么区别呢?

1973年，一个来自英国利物浦市的青年考进了美国哈佛大学，他的名字叫克莱特。在大学生涯中，一个18岁的美国小伙子经常和克莱特坐在一起听课。渐渐地，他们越来越熟悉了，成为了好朋友。大学二年级的时候，由于新编教科书中已经解决了进位制路径转换的问题，因此这位美国小伙子和克莱特商议着一起退学，全心全意地开发32Bit财务软件。

听到这位小伙子的提议，克莱特大吃一惊。一则是因为默尔斯博士才刚刚教了点Bit系统的皮毛知识，他认为必须学完整个的大学课程才能开发2Bit财务软件；二则是他的观点是大学学习是很严肃的，必须认真对待。为此，克莱特非常委婉地拒绝了那位小伙子的真诚邀请。

十年的光阴弹指即逝。十年之后，那位退学的小伙子在这一年进入美国《福布斯》杂志亿万富豪排行榜；克莱特则成为哈佛大学计算机系Bit方面的博士研究生。1992年，那位美国小伙子的个人资产高达65亿美元，成为美国第二大富豪，仅次

于华尔街大亨巴菲特；克莱特则接着刻苦攻读，拿到了博士学位；1995年，那位小伙子已经超越Bit系统，开发出了Eip财务软件，而直至此时，克莱特才认为自己已经具备了足够的学识研究，开发32Bit财务软件。但是，那个小伙子开发出的Eip系统却比Bit快1500倍，仅用了短短两周的时间就占领了全球市场。在这一年，那个小伙子成为了世界首富，他的名字作为成功和财富代表传遍了世界各地，他就是比尔·盖茨。

时至今日，比尔·盖茨的鼎鼎大名令很多人如雷贯耳，在大多数人们的心目中，他简直就是一个奇迹。那么，他是如何创造奇迹的呢？在这个世界上，绝大多数人都认为只有做好足够充分的准备才能开始创业，但是，比尔·盖茨的成功恰恰颠覆了这一点。很多人都是在知识不多的情况下直接对准目标成就了一番事业，然后在创造过程中根据需要补充知识。但由于大部分人都为了准备得更充分，而错失了很多良机。比尔·盖茨中途从哈佛退学去创业，获得了巨大的成功。试想，如果他等到学完所有知识再去创办微软，那他还能抓住千载难逢的机会成为世界首富吗？

毫无疑问，比尔·盖茨的选择使自己的人生走向了成功。然而，他的成功取决于他能够不计较得失，遵从自己的内心，做出正确的选择。放下是人生的大境界，是一种超然、一种解脱。人生赢在拿得起又放得下，这才是真正的无怨无悔的人生。著名作家贾平凹说过：“会活的人，或者说取得成功的人，其实懂得了两个字：舍得。不舍不得，小舍小得，大舍大得。”其实，很多人都面临人生的众多选择，要想无怨无悔地生活着，就要放下得失心，勇敢地面对自己的人生。

坦然面对生命中的福祸

所谓人生百味，指的是人生有各种各样的滋味，或者幸福，或者不幸，或者高兴，或者沮丧……在人生的道路上，在幸福之余，总是伴随着坎坷和挫折，很难一帆风顺。因此，人们常说，人生不如意十之八九。当遇到挫折的时候，最重要的是要有一颗坦然面对挫折的心。要知道，对于身处困境的人而言，一味地自艾自怨是无济于事的，只会导致事情更加恶化。反之，假如我们能够采取积极的心态坦然地面对，就能够找到摆脱困境的途径。

很多时候，祸和福只是人们内心对于客观外物的感受，并没有一定之规。同样一件事情，对于有的人来说是一种人生的历练，对于有的人来说则是难以逾越的鸿沟。很多时候，祸和福是可以相互转化的，老子说：“祸兮福之所倚，福兮祸之所伏。”意思就是说祸与福是对立而又统一的，它们互相依存，在某些情况下可以互相转化。换言之，坏的事情未必一定能够引出坏的结果，好的事情也有可能导致坏的结果。既然人生是

如此无常，我们就要锻炼出强大的内心，坦然面对生活中所谓的祸和福，这样才能使自己迎来更多的福气，也才能使祸更多地转化成福。自古以来，就有很多名人在灾祸面前镇定自若，坚持不懈，最终使祸衍生出好的结果。作为一名音乐家，虽然命运使贝多芬双耳失聪，但是他丝毫没有放弃，仍然可以谱写出《第九交响乐》；霍金虽然身患重症，但是却坚持不懈地探究宇宙奥秘；大文豪苏轼被贬黄州，人生陷入了低谷，但是他却始终积极乐观……从他们身上，我们不难发现，很多时候，只要采取坦然的心态、欣然的态度，人生的绊脚石就有可能变成垫脚石，助我们走上人生的一个新的层次。

张华已经46岁了，是一家公司的部门主任。2008年金融危机席卷全球，他们公司也难逃厄运，因此进行了大规模的裁员，张华也在裁员的名单之中。刚刚知道这个消息的时候，张华不免灰心丧气，要知道，他的女儿正在读大学，每年都需要交一笔高昂的学费。如今，他却下岗了，全家一下子失去了生活来源。整整两个月的时间里，张华都一蹶不振，无法面对自己下岗的事实。他每天都躲在家里不出去，生怕街坊邻居们问自己为什么没有去上班，但生活总是要继续的。突然有一天，张华在电视上看到了一个关于下岗职工创业的电视节目，他看完之后幡然醒悟，意识到这样自暴自弃只会给自己和家人带来更大的伤害。

经过半个多月的考察后，张华发现自家小区周围缺少一个

卖早点的摊位，小区的人们早晨想去外面买早点，都要走很远的路。因此，他回家以后精心研究各类早点的做法。又过去半个多月，张华的早点摊位顺利开张了。因为周围住的都是老街坊老邻居，所以大家都很信任张华，都要来张华的早点摊解决早饭问题。果不其然，张华的早点摊生意非常好，他和妻子两个人根本忙不过来，不得不又雇佣了两个服务员。半年下来，张华的生意已经非常稳定了，因为有老客户的长期支持，他的收入甚至比上班的时候翻了两番。

如今的张华每天都笑呵呵的，虽然累点儿，但是心里高兴。他和妻子商量，再干一两年的早点摊位，积攒一些资金，然后就在附近租个门面房开个饭店，早晨卖早点，白天开饭店，两不耽误。面对生活的美好前景，他们更有信心了。

和张华比起来，与他一同下岗的李明则没有那么幸运。虽然下岗已经一年多了，但是李明的状态仍然和张华刚刚下岗的时候一样。每天，李明都怨天尤人，始终纠结于自己为什么下岗了，更不知道未来的道路在何方。因为李明下岗之后始终没有信心，消极地逃避，因此他一直没有找到合适的工作。在李明失去经济来源的情况下，他的孩子不得不高中毕业就出去打工，连大学都没有上。为此，李明的爱人天天和李明吵架，家里没了往日的幸福。

同样是下岗，为什么李明的命运和张华相差如此之大呢？原因就在于他们对待下岗的不同态度。张华也沉沦过一段时

间，但是他很快找到了人生的方向，而这种幸运取决于他本身的乐观心态。相比之下，李明的命运其实并不是简简单单的“倒霉”二字就可以概括的，倘若不改变消极悲观的心态，他就很难从下岗的阴影中走出去。由此可见，只有坦然面对生活中的不幸，才能战胜困难，让灾祸转化成福运。

过去的事情就让它过去吧

从出生开始，每个人就开始形成自己的历史。对于生活一帆风顺的人而言，历史相对简单一些；对于经历坎坷的人而言，历史则相对更加复杂。那么，我们是否要像史学家一样把自己的历史编成一本厚重的书时时牢记呢？答案是否定的。有些历史需要牢记，有些历史恰恰需要忘记，这样人生才能轻松前行。假如把所有的人生经历都不加选择地牢牢记在心上，那么，人生就会背上沉重的负担，很难轻松快乐地生活。

很多人用流水来比喻人生，因为人生是不可逆转的。即使你牢牢地记住那些不开心的事情，也无法改变什么，只能徒增烦恼而已。与其记住烦恼，不如记住快乐的点滴，这样最起码在想起来的时候能够开心地笑一笑。其实，不管我们多么努力，都无法使自己的人生摆脱缺憾和不如意。但是，我们可以改变自己面对这些事情的心态。生命中或悲或喜的瞬间，等到

经历之后再回首，会发现它们只是沧海一粟，根本不值一提。虽然我们要学会珍惜生命中的每一个经历，但是也要学会适当地遗忘，要知道，有舍才有得。对于那些使我们痛苦不堪的记忆，在汲取了经验和教训之后，最好选择让它随着时间流逝，切忌死死抓住这些事情不放手。否则，只会使自己一次次地陷入痛苦的深渊，无法自拔，而且还会影响现在的生活，使你因此而失去更多的东西。

亚楠自从发现自己的丈夫出轨之后，就像变了个人一样。她怎么也想不明白，自己和丈夫是大学同学，大二起就开始谈恋爱，整整谈了7年的恋爱，如今，结婚已经8年了，孩子也已经5岁了，相濡以沫15年的感情，难道说变就变吗？亚楠以前特别温柔贤淑，说话的声音都很小，她不仅用心地照顾丈夫和孩子，对公公婆婆以及家里的其他亲戚也很好，但是，丈夫却宁愿为了一个刚刚认识半年的小丫头而伤害自己的家庭，这让亚楠百思不得其解。

因为这件事情，亚楠变得歇斯底里，为了维护自己的家庭，她不仅打电话辱骂那个小丫头，还去丈夫的单位找领导，使丈夫在单位里抬不起头来。除此之外，家里的所有亲戚都知道了这件事情，尽管他们也都纷纷指责和劝说亚楠的丈夫，但是却丝毫没有作用。为此，亚楠甚至还偷偷地跟踪丈夫。事已至此，丈夫由之前偷偷摸摸地和那个小丫头交往，开始变得明目张胆，一连几个星期都不回家。在经历了这一番吵闹之后，

亚楠彻底绝望了，把儿子送到姥姥家之后，亚楠回到家里选择了自杀。她关闭了门窗，打开了家里的燃气，吃了一瓶安眠药之后，静静地躺在床上睡熟了。

一个邻居路过他们家的时候闻到了天然气的味道，联想起他们家最近战火连天，邻居赶紧报警。亚楠幸运地捡回了一条命，刚刚睁开眼睛，就看到了老泪纵横的母亲抱着儿子正守在床前。这一刻，亚楠深深地责怪自己是一个不负责任的女儿和母亲，她很庆幸，自己又回到了这个世界。出院以后，亚楠找到丈夫办理了离婚手续，自己一个人带着儿子生活。这次死里逃生让她获得了新生，她绝口不提之前的事情，每天都非常快乐地生活着。一年过去了，一个优秀的男人开始追求亚楠，与亚楠一起开始了新的生活。

不敢想象，倘若亚楠自杀成功，她的老母亲和年幼的儿子应该如何生活下去。幸运的是，亚楠在鬼门关转了一圈之后，又回来了。而且，经历了这次生死考验之后，她知道了生命中最重要的是什么。不管对于谁来说，生命中最重要的是要有勇气继续往前走，而不要一味地纠缠于过去。虽然曾经有过轰轰烈烈的爱情和甜蜜幸福的家庭，但是当丈夫的心一去不返的时候，亚楠最应该做的是学会面对，而不要沉浸在过去的种种回忆中难以自拔。要知道，以前甜蜜美好的回忆，对于此刻遭遇背叛的亚楠来说无异于一把把插在心上的尖刀。而最好的做法是，忘记过去那些事情，对于一个背叛爱情和家庭的男人，最

好的惩罚就是遗忘；对于这个遭到伤害的女人而言，纠结只会给自己造成更大的伤害，让过去像流水一样逝去，才是最好的选择。

面对人生的坎坷挫折，面对情感的起起落落，什么是我们应该坚守的，什么又是我们应该放弃的？对于这个问题，答案在每个人的心中，因为只有我们才知道自己最需要的是什么。然而，不管我们曾经经历过怎样的过往，都应该学会放弃，学会彻底摆脱各种各样的羁绊和纠缠，这样才能全心全意地继续现在的生活。只有挣脱昨日的束缚，才能使心灵更加纯粹地去迎接崭新的生活。

在人生的长河中，昨天已然成为历史，明天还没有到来，对于任何人而言，唯一能够把握的就是今天。面对生活，积极的人活在当下，抓住每一分每一秒好好地活着，悲观的人活在过去，总是沉浸在对过去的回忆之中，导致昨天经历的失败成为今天前进的绊脚石。尽管过去对于每个人来说都是一种很重要的经历，但是即使我们再怎么懊悔沮丧，过去也已然成为无法改变的历史。所以，我们要学会从过去的经历中汲取经验，努力地开始新的生活。

第2章　不畏风霜，安安静静地做自己

在生活中，每个人都想修炼出从容淡定的心态。然而，从容淡定的心态却不是一朝一夕就能形成的。生活就像一条大河，既有静水流深的地方，也有水流湍急的时候。当然，河两岸的景色也是随着四时的变化而变化的，甚至还有很多出人意料的“惊喜”。这些“惊喜”或是令人惊，或是令人喜，不管我们是否愿意接受，它们都如约而至。因此，我们不如坦然镇定、无所畏惧地面对。

摆好心态，然后全力以赴

在中国历史上，老子首先提出了要大气做人的观点。《老子·三十八章》中说，“大丈夫：处其厚，不居其薄；处其实，不居其华。”这句话的意思是我们要学会抱朴守拙。所谓抱朴，指的是保持自己纯真朴实的本性；所谓守拙，指的是坚守憨厚耿直的本性。用现代的观点来看，所谓的“大气”指的是人的精神状态和气度，这其中既有天生的性格因素的影响，也受到修养、学识等影响。要想成就大器，就必须有坚韧不拔、锲而不舍的毅力；要想成就大器，就必须有刻苦修炼、百炼成钢的顽强意志；要想成就大器，就必须有伟大的志向和高

远的目光；要想成就大器，就必须有顽强的毅力和必胜的信念。在人生的道路上，我们只有以从容的心态面对艰难险阻，才能戒骄戒躁，大气处世。

古人说：“君子要忍人所不能忍，容人所不能容，处人所不能处。”从这句话中不难看出来，只有具有良好的修养，才能心胸开阔，豁达为人。生活中，每个人都免不了要经历很多坎坷和挫折，只有以从容的心态坦然地应对人生，才能宠辱不惊，胜似闲庭信步。而只有达到这种境界，才能真正做到大气做人。

李杜和张跃是大学同学，毕业后一起进了一家软件公司工作。他们都是搞软件的，所以都被安排在研发部工作。在工作的头一年里，李杜和张跃都非常勤奋认真，他们经常主动要求加班，得到了同事和领导的一致认可。

一个偶然的机会，公司需要外派两名员工去国外的公司进修。这个机会很难得，不仅可以学到宝贵的知识，积累经验，还可以开阔视野。因此，研发部的同事们都想争取到这个机会。不过，研发部的很多同事都是老员工了，工作经验非常丰富，因此公司决定派一名老员工和一名新员工去国外的公司进修，公司里的新员工只有李杜和张跃，他们俩很清楚彼此已经变成了竞争对手。李杜性格比较内向，不太爱说话，总是默默地工作着。相比之下，张跃则更加活泛，他不仅工作很出色，而且和同事、领导的关系都相处得非常好。因此，大家都认为

张跃被外派的可能性更大。

经过一个多月的考察，领导最终决定派李杜和另外一名老员工去国外进修。大家都百思不得其解，为什么领导没有选择乐观开朗的张跃呢？后来大家才知道，原来领导原本已经选定了张跃，但是张跃却向领导推荐了李杜。因为是大学同学，所以张跃很清楚李杜的家境不是很好，家里的哥哥姐姐都务农，只供养了李杜这么一个大学生，也知道李杜的父母在他的身上给予了很大的期望。因此，张跃特别真诚地请求领导派李杜出去进修，而自己情愿等待其他的机会。李杜知道这件事情以后，心里非常感激张跃，他为自己能够有这样的同学和同事而万分庆幸；同时，领导也因为张跃的大气而对张跃刮目相看。在公司开办分公司的时候，领导破格提拔张跃去分公司担任研发部主任。

毫无疑问，张跃之所以能够得到破格提升，正是因为他心胸宽广，不计较个人得失，能够为他人着想。所谓大气者，不仅要有开阔的心胸，而且还要有从容处事的心态，不为名利所驱使。想成就大事，就要做到不拘小节，镇定从容中成就大事。

在人生的道路上，每个人都难免遇到坎坷和挫折，既然无法逃避，那么不如勇敢地面对。所谓成功与失败，其实就是一件事情的两个结果而已。其实，挫折与失败并不可怕，关键在于我们是否有一颗淡定的心。倘若我们的心中波澜不惊，即使

是再大的风浪，也一定能够顺利地通过。总而言之，做人一定要从容一些，大气一些，学会忘记生活中的悲伤与痛苦，微笑着重新踏上生活的征程。只有心态从容淡定，命运之神才会眷顾你。

大是大非面前，从不畏首畏尾

看过《动物世界》的人很容易就会发现一种有趣的现象：诸如老虎、狮子、狼之类的动物总是张狂地翘着尾巴。尤其是狼群里的头狼、猴群里的猴王，它们的尾巴总是像旗帜一样高高地翘起，成为一种权威的象征。相比之下，那些处于弱势的动物则收敛很多，它们往往夹着尾巴俯首称臣，就像小猴会讨好地给猴王抓虱子。由此可见，在动物世界里，夹着尾巴象征着弱势。在弱肉强食的动物世界，弱者必须夹着尾巴才能有一条生路。反之，尾巴一翘，很容易暴露自己招来灾祸。正是因为如此，聪明的动物在大多数时间里都会把尾巴紧紧地夹住，随时做好隐藏或逃遁的准备。

在人类社会，也是同样的道理。也许，很多人正是从动物的身上得到了启发：原来，夹着尾巴可以保护自己，让人在屈伸之间找到和谐通融的法宝。人类社会毕竟不同于动物世界，在一群猴子之中，只有一只猴子可以成为猴王；在一群狼

之中，只有一只狼有机会成为头狼。但是，人类社会则不同于此。人类社会有各行各业供人们选择，而在这些行业中，每个人都有机会出人头地，因此才有了“三百六十行，行行出状元”之说。在这种情况下，不管我们从事哪个行业，具体做哪个工作，都应该放开自己的手脚，奋力一搏。只要努力了，就有机会；如果不努力，天上永远不会掉馅饼。

朱振强大学毕业后来到一家民营企业工作。因为刚刚大学毕业，没有什么工作经验，所以他非常小心谨慎，处处都害怕犯错误，因此做起事情来畏首畏脚。

有一次，领导交代给他一个重要的任务，除了给他配了两个助手之外，还给了他很大的权限，让他随机应变，灵活地处理遇到的问题。但是，朱振强却没有珍惜这个展示自我的机会。在完成工作的过程中，他一遇到问题就给领导打电话请示，一次，两次，三次……领导很生气，觉得自己看错了人。后来，虽然任务完成得比较圆满，但是朱振强却给领导留下了一个没有主见的印象。实际上，以朱振强的能力，完全可以独立带着助手完成任务，而他却因为怕犯错误、怕担责任而屡屡请示领导，最终导致领导不胜其烦。从那以后，领导再也没有给朱振强安排富有挑战性的工作，而只是让他从事一些最基本的工作。

转眼，一年的实习期到了，领导找了一个理由辞退了朱振强。直到离开公司之前，朱振强也不知道自己犯了什么错误。

高鹏高中毕业后没有读大学。他从小就对汽车感兴趣，因此他自作主张地报了一个汽修培训班。父母知道这件事情的时候，虽然感到生气，但是却也无可奈何，不得不支持高鹏的决定。经过一年的学习，高鹏已然非常了解汽车了。为了增强自己的实战经验，他应聘到一家4S店修理汽车。这一修，又是三年。在这三年里，高鹏接触到了各种各样的汽车，也见识到了汽车出现的各种毛病。此时，他觉得时机成熟了，便毅然决然地辞退了工作，用几年的积蓄开了一家汽车修理厂。因为修车技术好，服务周到，高鹏的生意就越来越火爆了。过了几年，他的汽车修理厂就扩展到了三家门店，每一家门店都颇具规模。面对事业发展得非常顺利的高鹏，父母也无话可说了，他们不得不承认高鹏的决定是正确的。

显而易见，朱振强的失败之处就在于他做人做事过于畏首畏脚。要知道，领导之所以决定聘用一个人，正是因为想让这个人施展自己的才华，为公司创造效益。而朱振强在领导已经授权的情况下，还是不管大事小情都要打小报告问个清楚，这样一来，领导势必不胜其扰，甚至还会怀疑他的能力。相比之下，高鹏做事情则显得坚定果敢，干脆利落。高考是人生中的大事，但是他却自主决定了自己的未来的人生道路。从事例中不难看出，高鹏在走人生每一步的时候都是非常果断的，看起来大刀阔斧，但却胜券在握。正是因为他这种敢想敢拼的精神，他才最终获得了成功。试想，假如他在做每一件事情之前

都瞻前顾后，犹豫不决，他还能有今天的成就吗？他也许会像大多数人那样按部就班地读大学，找工作。可以说，高鹏的成功正是取决于他果敢执著的做事风格，放开手脚的拼搏精神。

生活虽不容易，但艰难总会过去

对于整个宇宙而言，人类只是沧海一粟；对于整个人生而言，不管此刻你面临着怎样的艰难险阻，都只是暂时的，终将会过去。因此，无论面对怎样的困难，我们都应该坚定自己的内心，相信所有的困难都只是一时的，能够战胜的。记得一个年近古稀的老人说过一句特别朴实的话，“不管怎样，日子总要继续往下过。”这句话看似平淡无奇，但是却揭示了人生的真谛。老人历经七十载人生，经历了无数的苦难，得出了这么一句大实话。还有人说，哭也是一天，笑也是一天，何不快快乐乐地过呢？这些话说起来都很轻松，做起来却都很难。假如没有一颗坚强的心，就很难从容乐观地面对生活。

面对生活中的风风雨雨，怎样才能让自己始终保持一颗坚强的心呢？要想变得坚强，就要保证不管身处何种境地，都有良好的心态。面对生活的苦难，假如没有良好的心态，就很容易被打垮，甚至一蹶不振。反之，倘若能够积极乐观地面对生活，坚持不懈地努力，那么，即使是再大的坎，也能够迈过

去。要记住，不管什么时候，“精神支柱”都是人生中最宝贵的。很多时候，精神的力量是很强大的，能够支撑我们坚定不移地走下去。为了得到外界的支持和鼓励，我们可以经常与身边的朋友交流，还可以阅读一些名人的事迹，获得人生感悟。在遭遇困境的时候，不妨读一读海伦·凯勒写的《假如给我三天光明》，从这本书中，我们可以获得很多的人生激励；在遭遇挫折时，不妨读一读《钢铁是怎样炼成的》，学习一下保尔·柯察金顽强不屈的精神。在这些精神领袖的感召下，我们一定能够使自己变得更加坚强，从而拥有更充足的信心来面对人生的风风雨雨。

电影《隐形的翅膀》讲述了一个关于残疾人的故事。在辽阔壮美的内蒙古草原上，15岁的花季少女志华收到了高中录取通知书。在兴奋之余，她和同学们相约去放风筝。不幸的是，她被高压电击中。经过医院奋力抢救，她虽然侥幸活了下来，但是却失去了双臂。

在沉重的打击之下，志华的妈妈患上了间歇性精神分裂症。原本，志华可以自己做的事情现在都不能做了，失去双手的她甚至连吃饭、穿衣、上厕所都需要别人照料。在这种情况下，她的生活变得异常艰难。虽然志华特别喜欢学习，连做梦都想回到学校上学，但是因为她没有写字用的双手，不能像其他同学一样完成作业，所以学校拒绝接收她。面对失学和生活不能自理的艰难处境，志华痛苦异常，甚至想结束自己的生

命。然而，爸爸妈妈的爱唤醒了她面对生活的勇气。为了重返校园学习，她在家里练习用脚写字。对于常人来说，脚趾又短又粗，想把铅笔夹起来都很难，更何况是写字呢？没过几天，志华的脚趾就被磨破了，结出了厚厚的血痂。功夫不负有心人，她终于学会了用脚流利地写字，并且因为学校离家太远，为了避免迟到，志华不得不选择住校。而要想住校，首要条件就是她必须具备生活自理能力，为此，她废寝忘食地苦练脚上功夫。最终，她学会了用脚刷牙、洗脸、穿衣、梳头、做饭，甚至还学会了用脚穿针引线、缝补衣服……总而言之，原本需要用手才能做的事她几乎都能用脚做到了。

志华妈妈的间歇性精神分裂症日益恶化。一次意外的刺激后，妈妈被幻觉误导，走进一个水塘里，差点儿被淹死。虽然志华及时发现了妈妈，但是因为她没有手，再加上不会游泳，所以她只能奋不顾身地跳进水里，大声呼喊救命。在危急关头，一辆拖拉机开了过来，才把奄奄一息的志华和妈妈救了上来。一个偶然的机会，市残联的教练来学校挑选运动员，志华想到妈妈上次掉到水塘中发生的意外，便毫不犹豫地选择了游泳项目。为了安慰妈妈，她向妈妈保证一定会考上大学，不再让妈妈担心。高考填报志愿的时候，为了医治妈妈的病，志华报考了医学院。出乎她的意料，尽管她的分数远远超过了录取分数线，但是她所报考的医学院却因为她没有双手而拒绝录取她。志华的妈妈无意中知道了她没有被录取的消息，经受不住打击，精神分裂症发作，走失了。

在全国残疾人运动会上，志华取得了好成绩，获得了进军残奥会的资格。遗憾的是，此时此刻，她的妈妈已经离开了人世。为了纪念妈妈，志华和爸爸一起去放风筝，这个风筝是妈妈专门亲手为她做的，希望她拥有双手。在志华的努力之下，大学破格录取了她。当志华得知自己考上大学时，她在草原上对着蓝天大喊："妈妈，我考上大学了！"

志华虽然失去了双臂，但是她身残志坚。在生活的困境面前，虽然她也曾经想过放弃，但是最终还是选择了坚强地面对。她对生活满怀希望，高中毕业之际报考了医学院，以期望能够治疗好妈妈的病。但是，命运还是和她开了一个玩笑，医学院因为她的身体原因拒绝录取她。妈妈因此再次遭受打击。但是，此刻的志华却变得非常坚强，坦然地面对生活的挫折和坎坷。最终，也许是志华的坚强感动了命运之神，志华被医学院破格录取了。在知道这个好消息之后，志华和爸爸一起把这个好消息告诉妈妈，这个坚强的女孩终于战胜了命运安排的灾难和坎坷！

有一种优秀，叫有胆有识

在生活中，人们总是被一些条条框框限定着，还有些所

谓的权威人物在一旁指手画脚。倘若一个人意志薄弱，缺乏主见，那么，很容易就会失去自我，不知道该如何是好。从成功人士的身上，我们不难发现一个共同点，即都有主见，做事有胆有识，从来不人云亦云。不管是大风大浪，还是坎坷挫折，他们总是能够从容淡定地面对，并且化险为夷。这正是获得成功的秘诀所在。

在现实生活中，人们总是被很多繁杂的事情包围着，并且很多事情需要独自面对。毋庸置疑，做人就是做事，做事是人生的主题曲。那么，要想拥有成功的人生，就要尽量做好所有的事情。假如能够掌握做事的诀窍，就能坦然面对并解决很多棘手的事情，获得成功。要想衡量和评价一个人的综合能力，就要去观察他做事的能力。不管是什么样的荣誉，都必须通过做事赢得，即使是再强的能力，也只能在做事的过程中展现出来。在竞争日趋激烈的当今社会，必须要拥有从容做事的能力。

张铭是一家证券公司的业务员。刚刚进入证券行业的时候，张铭默默无闻，业绩平平。为此，他非常着急，想找出一个好办法来提升自己的业绩。不过，证券行业的竞争的确太激烈了，普通人很难从中脱颖而出。

有一段时间，张铭每天都行色匆匆，频繁地出入于高档会所、高尔夫球场等地方。面对张铭的举动，大家都疑惑不解，想破了脑袋也不知道张铭的葫芦里卖的是什么药。过了一段时

间之后，张铭的业务量突然节节攀升，一下子跃居为第一名。出人意料的是，张铭并没有像前段时间那样整日见不着人地忙活，而是悠闲自在地坐在公司里等着客户上门。让同事们更为吃惊的是，客户果然接二连三地找上门来，并且都非常认可张铭的服务。张铭所在部门的经理百思不得其解，虽然他在证券行业已经干了十几年，但是却从来没有见过一个刚刚入行的新手能够有这样好的业绩和如此大的进步。因此，他暗中观察张铭的一举一动，想从中发现张铭是怎么吸引客户的。

尽管经理煞费苦心地观察了好几天，但是却并没有发现什么异常。和大多数人一样，张铭接待客户之后就把客户带到自己的办公桌旁洽谈，并且所谈的内容也并没有什么新奇之处。一个偶然的机会，经理突然间发现了张铭的秘密。原来，在张铭的办公桌上，摆放着很多家庭的生活照，但是，在这些生活照中却大有玄机。只要细心观察就会发现，那些生活照中掺杂着一些张铭和知名人士的合影，诸如影星莉莉、房地产大亨朱晓、投资理财专家李强等。看到这些照片，经理恍然大悟。

原来，张铭在思考如何提高业绩的过程中，突然想到了一个好主意，即出入那些富豪和知名人士经常出入的场所，然后，找个机会与他们合影留念。虽然这些照片看上去很不起眼，但是却会在客户心里产生巨大的影响，他们最直接的想法往往是：这个影星也是他的忠实客户，否则怎么会和他合影呢？如此一来，客户对张铭的信任度自然高了很多。因此，张

铭的业务量也就如芝麻开花，节节高升。

张铭之所以能够在短时间内取得成功，一方面是，因为他有开阔的思维，能够想到其他人没有想到的主意；另一方面是，他还很有实干精神，非常有主见，只要想到了，就去脚踏实地地做。和张铭比起来，生活中许多人虽然也有很多好主意，但是却总是想想就搁浅了，从来不付诸于行动。或者，一旦别人提出不同的意见，他们就会怀疑自己，从而放弃自己的想法。因此，他们永远也没有机会把自己的想法付诸于实践，也永远没有机会获得成功。

从古到今，但凡成就大事者，都具有超常的胆识。那么，胆识与成功之间是怎样的关系呢？对于一个想成就一番事业的人而言，胆识是必不可少的，并且是起决定性作用的因素。通常情况下，有胆识的人思维敏捷，更擅于抓住转瞬即逝的机会。他们不仅思路开放，敢于创新，而且是个实干家，因而总是能够为自己争取更多的机会。众多周知，机会越多，就越容易获得成功。当然，虽然有胆识是成功的必要条件，但是却并非是成功的充要条件。即使是一个有胆识的人，也难免会经历失败。和那些一遇到挫折就萎靡不振的人不同的是，有胆识的人不怕面对失败。他们就像野火烧不尽，春风吹又生的野草，生生不息。因此，面对成功的时候，他们淡然；面对失败的时候，他们坦然。不管什么时候看到他们，他们展现给人们的都是镇定自若的笑容和成竹在胸的气势。

其实，人生就像是一场战争，每个人都在战场上。大家都知道，在战场上，只有“勇敢”的军队才能夺取胜利。同样的道理，在人生之中，只有敢作敢为、敢想敢干的人才能掌控自己的人生，成就属于自己的事业。

遇事不要慌，把镇定当作习惯

人生就像是一趟未知的旅途，没有人知道自己乘坐的列车开往哪里，也没有人知道旅途中将会遇到什么事情，人生的神秘正在于此。倘若一个人把自己的一生看得清清楚楚，生活必将变得索然无味。不过，人生的未知给我们带来了很多惊喜，也给我们带来了很多困难和压力。在生活中，每个人都会遇到一些令自己措手不及的事情，这个时候，千万不要惊慌失措，而要冷静理智。只有这样，才能使自己镇定下来，从容行事，化危机为机遇，化压力为动力。

然而，镇定并不是简简单单的事情，而是需要长期的修炼。只有拥有丰富的经验并且能够灵活运用的人，才能在情急之下表现得从容镇定。倘若平日里没有积累一定的经验，就很难急中生智，处理好问题。

2011年11月7日，一名叫阿林的游客提起几天前南非约翰内斯堡旅游遇险事件，仍然心有余悸。约翰内斯堡当地时间11

月3日18时，杭州一个30人的旅游团遭到持枪抢劫。回想起这件事情，游客们对导游赞不绝口："幸亏导游遇事镇定、反应灵敏，否则，非但我们的贵重物品会被洗劫一空，还有可能会出现伤亡悲剧。"

这次持枪抢劫事件发生在南非约翰内斯堡东部的布鲁玛地区。当时，包括一名导游在内，旅游团总计有30人，他们在约翰内斯堡的钻石大厦买完钻石之后，就驱车前往机场。想不到，中途却遭遇一伙持枪劫匪洗劫。对于游客而言，他们虽然不幸，但是却幸运地遇到了机智冷静的导游。在危急时刻，导游被歹徒打了一巴掌后没有乱了阵脚。她急中生智，在第一时间里用劫匪听不懂的中文提醒游客们赶紧藏好贵重的物品，主动把一些无关紧要的东西交给劫匪，以逃过此劫。正是导游的这个举动，保护了更多游客的安全，使旅客们免于伤害。

明朝时期，张嵋崃在滑县担任县令。一天，两个锦衣卫使者打扮的人来拜访张嵋崃，两个人趾高气昂地说他们是朝廷派来暗访的命官。因为这两个人颐指气使，派头十足，所以张县令并没有怀疑他们的身份。出乎张县令的意料，这两个人并非朝廷命官，而是江洋大盗。他们俩趁张县令一不留神，控制住张县令，把他胁迫到了室内。

这件事情发生得很突然，张县令还没有回过神来，根本不知道应该怎么处理。这两个大盗一个叫高章，一个叫任敬。只见任敬抚摸着胡须，冷笑着说："张县令，得罪了！实话告诉

你吧，我们并不是什么使者，而是道上的朋友。近来，我们手头紧，所以才想了这个主意。大家都说你公库里装着满满的金子，暂时借我们一点用用吧！”任敬的话音刚落，高章马上掏出一把寒光闪闪的匕首，架在张县令的脖子上。

此刻，张县令才明白事情的真相。他想：假如处理不当，只怕自己的脑袋就要搬家了。他深吸一口气，让自己恢复平静，一字一句地说：“你们的目的并不是要取我的性命，而是求财。当然，我也不会因为身外之物而不顾身家性命。我马上就命令仆人去给你们取金条，请稍安勿躁。”

张县令的话显然出乎两个盗贼的意外，他们你看看我，我看看你，不知该如何是好。张县令见状，继续说：“因为公库里装着满满的金子，所以看管非常严。万一被人发现，你们可就无法脱身了。我有一个两全之策，即我以自己的名义向有钱的朋友借贷给你们，你们意下如何？”

两个强盗见张县令言辞恳切，所以就采纳了张县令的建议。张县令赶紧召集属下过来，叮嘱属下去联系几个人筹钱。属下发现张县令的纸条上写的都是武士的名字，就知道是怎么回事了。没多久，每个端着托盘的人陆陆续续地走了进来。

两个强盗看到托盘里的钱财，放松了警惕。武士们趁机拿出藏在托盘下的兵器，制服了强盗。

在上述两个事例中，导游的机智勇敢、冷静镇定使游客们躲过了一劫；而张县令，虽然被强盗用明晃晃的刀架在脖子

上，但是也没有乱了方寸。在危急之中，他想出了一个既能保护自己，又能抓住强盗的万全之策，这完全是得益于他的镇定和冷静。在生活中，每个人都难免会遇到一些危急的情况，在这种情况下，倘若不能冷静地处理，就会使事态恶化。因此，遇到危险的时候一定要不动声色，才能急中生智，化险为夷。除此之外，还要具备从容镇定、勇敢无畏的心理素质。

第3章　从容生活，合理规划自己的人生

人们常说，一年之计在于春，一日之计在于晨。春天是一年的开始，早晨是一天的开始，计划是非常重要的。凡事都不可一蹴而就，不管做什么事情，都要有计划。只有秩序井然，运筹帷幄，才能使自己的人生变得更加从容。

做事有条理，就不会忙累

在生活中，总是有很多琐碎的事情需要我们去处理。人们经常发现，有些人总是悠然自得，不急不躁，而且总是能够把各种琐事处理得很好。反之，有些人的生活则每天都像急行军，火急火燎，但是他们却总是把所有的事情都搞得一团糟，使自己的生活变得更加忙乱，毫无头绪。

细心观察不难发现，那些生活从容的人做事情都很有序。他们从来不会使所有的事情如同一团乱麻，在他们秩序井然的大脑之中，所有的事情就像图书馆中排列整齐的书一样，虽然很多，但是却分类清晰。通过大脑中的检索目录，他们总是能够准确地找到并且处理好需要马上解决的问题。而那些生活乱糟糟的人呢？他们做事基本上都没有次序可言，也许这一分钟还在处理工作，下一分钟想去逛商场了，回家到半途之中却又

想起来还有工作必须今天处理完。最终的结果是，工作没有处理好，商场也没逛好，回家的时候还因为加班而延迟了。总而言之，要想从容不迫地生活，除了要有从容的心态之外，更要养成做事有序的好习惯。

要想保持做事有序的好习惯，首先要能够分清楚事情的轻重缓急，合理地安排事情的次序。不管在什么场合，我们都要保持从容的心态。要知道，良好的心态有利于我们把所有的事情理出一个次序来，使你能够灵活自如地应对所有的事情。相反，假如你感到心慌意乱，你的大脑就会失去正常的思考能力，导致你丢三落四。那么，怎样才能保持良好的心态，使自己做事有序呢？在做事情的时候，可以先有意地放慢自己的节奏，使自己恢复镇定。这样一来，你的大脑就可以进行正常的思考。许多新人因为缺乏工作经验，在进入单位的时候总是心慌意乱，生怕自己的工作无法得到领导和同事的认可。要想克服这种心理，首先要做的是主动和其他同事微笑着打招呼。其次，要处理好工作上的事情。在任何情况下，事情都要有轻重缓急之分，首先要处理紧急的事情，其次要处理重要的事情，最后再处理普通的事情，这样一来，也就不容易手忙脚乱了。

朱莉的两个朋友决定带他们的孩子去欧洲的迪士尼乐园玩。在临行之前，他们把计划告诉了朱莉。游玩计划大致是这样的：周五晚上乘飞机飞往巴黎，深夜到达，入住酒店。周六早晨，吃完早饭以后，从酒店去迪士尼乐园，在那儿度过一整

天的时间，主要任务就是吃好玩好，玩遍所有的项目，然后回到酒店好好休息。等安顿好孩子睡觉之后，大人们可以出去美餐一顿，放松心情。

朱莉听到朋友们的旅游计划，第一反应就是日程安排过于紧张，肯定会非常忙乱。在单位里，朱莉的职位是项目经理，主要工作就是安排项目的各项事宜，并且统筹安排各个项目的时间。在朱莉看来，朋友们周六的计划也许得等到周日才能完成。因为朋友们把周六的日常安排得太满了，毫无节奏感可言，给人造成压迫感。当朋友们把这个行程落实之后，朱莉的担心得到了验证。朋友们周六晚上因为飞机晚点，直至凌晨才到酒店，安顿好睡觉的时候已经是黎明时分了。因为劳累，他们没有按时起床，直到中午时分才到达迪士尼乐园。可想而知，他们在半天的时间里很难在迪士尼乐园中吃好玩好。甚至直到周日的下午，他们才匆匆忙忙地完成了游玩的计划，手忙脚乱地踏上了回家的路。这次的旅游行程，最终以不合理安排而在忙乱中告终。

对于大多数人而言，他们之所以不知道应该怎样从容不迫地生活，主要就是因为他们不知道怎样有序地做事。有序地做事是一个良好的习惯，在短期内很难养成，必须经过长期的积累才能养成。要想有序地做事，要想把事情排列出正确地顺序，首先要能够分清楚事情的轻重缓急。有的事情必须第一时间去做，有的事情必须在合适的时间慎重地去做，有些事情无关紧要，可以等到有空闲的时候再去做。只有知道哪些事情需

要优先去做，哪些事情需要重点去做，哪些事情无足轻重，才能排列出正确地解决顺序，再一一去做。其实，生活一直处于变化之中，优先与延缓的问题也是随时地发生变化。当外界环境发生变化的时候，原本重要的事情也许会变得不重要，原本紧急的事情也许会变得不那么紧急。我们应该根据实际情况的变化，重新考虑事情的先后次序。只有养成做事有序的好习惯，才能从容不迫地去工作和生活。

做事有分寸，是最好的修养

世间万事万物，都有一个度。就像《登徒子好色赋》中所说："天下之佳人莫若楚国，楚国之丽者莫若臣里，臣里之美者莫若臣东家之子。东家之子，增之一分则太长，减之一分则太短；著粉则太白，施朱则太赤；眉如翠羽，肌如白雪；腰如束素，齿如含贝；嫣然一笑，惑阳城，迷下蔡。"从这段描述不难看出，东家之子的美恰到好处，绝妙天成。其实，不仅美是如此，做事也是如此。在社会中生活，每个人都难免要与别人打交道，处理生活中各种各样的问题。细心观察不难发现，有的人为人处世非常圆滑，在社交中总是如鱼得水，把纷繁复杂的人际关系处理得恰到好处。然而，有的人却很难与别人友好相处，总是像拧错了地方的螺丝钉一样，尴尬难堪。这样一

来，不仅影响了他的人际关系和社交网络，甚至还会影响他的生活和事业。那么，怎样才能更加从容地应对生活呢？首先要做的就是把握好分寸。

所谓分寸，指的是说话或做事的适当标准或限度。当然，在生活中，凡事并没有一个明确的尺度。法律虽然规范了哪些事情是人们不能触碰的，道德也在约束人们的言行举止，但是，却没有任何规定能够告诉人们做事的分寸。那么，怎样才能把握做事的分寸呢？分寸是非常微妙的标准，只存在于人们的心中。对于不同的人来说，即使是同一件事情，也有不同的分寸。例如，对于一个谨言慎行的人来说，他从来不会口出脏话。但是，对于一个不注意自己的言行的人来说，说脏话似乎是家常便饭。倘若这两个人遇到一起，喜欢说脏话的人会在无意之间把言行谨慎的人气得七窍生烟，而他自己却不知道是怎么回事儿。这就要求我们在为人处世的时候要把握好分寸，不要在无意之间触碰别人的底线。只有这样，才能更好地处理好一些事情和人际关系，从而更加从容地做人做事。

南朝后主陈叔宝之妹、太子舍人陈德言之妻乐昌公主在《饯别自解》一诗中写道："今日何迁次，新官对旧官。笑啼都不敢，方信做人难。"《本事诗》详细地记载了这首诗的创作背景。陈灭亡后，乐昌公主在战乱中与丈夫徐德言失散了，后被隋朝大臣杨素所得。在得知乐昌公主的下落后，徐德言就来到长安与乐昌公主相会。为了表示庆贺，杨素大办宴席。在

当时的情景之下，乐昌公主触景生情写了这首《饯别自解》。

对于乐昌公主而言，虽然与失散的丈夫重逢是一件令人高兴的事情，但是，她却不能无所顾忌地表达自己的情绪。要知道，杨素的权势很大，倘若乐昌公主喜形于色，杨素必然会觉得很不高兴，而乐昌公主根本不敢得罪杨素。如果笑，旧官（徐德言）不乐意；如果哭，新官（杨素）不高兴。因此，乐昌公主只好压抑自己的感情，把感情的天平放平，不偏不倚。在这首诗中，她把自己比喻成一个小吏，对新官和旧官一视同仁。乐昌公主做出了如此恰到好处的处理，分寸拿捏得恰到好处，自然新官和旧官都感到满意。最终，杨素也没有感到不痛快，徐德言也没有觉得受到冷落。处理事情把握好分寸，乐昌公主无疑是一个很好的榜样。

人生在世，没有一个人是可以完全独立的。每个人，不管身份和地位如何，都难免要处理各种各样的事情，与形形色色的人打交道。看看熙熙攘攘的人群，有的人生活得如鱼得水，有的人生活得焦头烂额，究其原因，就是要掌握好做事做人的分寸。具体来说，要想把握好做人做事的分寸，需要从以下三个方面着手。

首先，要把握好说话的分寸。与人交往，必须借助于语言，说话可是门不容小视的大学问。很多时候，能说话不等于会说话，会说话不等于懂分寸。常言道，会说说得人笑，不会说说得人跳，要想妙语如珠，就必须在恰当的时机对恰当的人说出恰当的话。换言之，就是要把握说话的分寸。

其次，要把握好办事的分寸。不管是生活还是工作，每个人都需要办事。或者是公事，或者是私事，只有把事办好，才能从容不迫。办事的时候，同样要把握好分寸，既不要唯唯诺诺，也不要肆无忌惮。只有分清事情的轻重缓急，把握好办事火候，才能处理好事情。

最后，还要把握好与人交往的分寸。人是群居动物，每个人都需要与别人交往。在交往的时候，人心是非常微妙的，一旦处理不好，就会给对方和自己的心里留下阴影。与人交往的时候，不仅要把握好远近亲疏的分寸，还要把握好争强好胜与谦虚礼让的分寸。需要注意的是，现代社会，人们越来越重视自己的隐私空间，因此，与人交往的时候要把握好距离，因为只有保持适度的距离，才能产生一定的美感。

成功学家认为，要想获得好人缘，首先要掌握为人处事的分寸。俗话说："世事洞明皆学问，人情练达即文章。"倘若要把纷繁复杂的世间事简化概括一下，无外乎"分寸"二字。只有把握好办事的分寸，才能使自己的生活变得更加从容，才能使自己更加顺利地获得成功。

告别无效努力，做事分轻重缓急

在生活中，每个人都需要面对和处理很多事情，有些人从

容不迫，生活得悠闲自在，有些人每天忙得焦头烂额，还是把生活搞得就像一团乱麻。为什么会有如此大的区别呢？其实，关键就在于是否能够分清事情的轻重缓急。

要想轻松地打理事务，惬意地生活，首先要能够分清楚事情的轻重缓急。只有分清楚事情的轻重缓急，才能合理地安排时间，把各项事情处理好。人是感情动物，很多时候，因为感情因素的影响，人们明明知道应该先处理哪些事情，但是却不分青红皂白地做出了冲动的举措。在这种情况下，一定要保持理智的心态，客观地看待事情，寻求相对公正合理的处理问题的方法。一旦颠倒了事情的主次顺序，非但不能处理好事情，还有可能弄巧成拙。人们常说，旁观者清，当局者迷，其实说的就是这个道理。很多时候，作为当局者，我们不妨请教旁观者，向他们询问具有可行性的比较中肯的建议或者意见，这样才能更好地处理好事情。此外，我们还可以采取未雨绸缪的方式处理事情，提前考虑好一些可能出现的情况以及应对的计策，这样一来，也能够使自己更加从容地处理生活和工作中的各种各样的琐事。

在日常生活中，很多人都夸夸其谈，口若悬河，一旦遇到紧急情况就手足无措，不知道如何是好。在这种情况下，当务之急就是锻炼自己的应变能力。尤其是在职场上，对于企业来说，员工能否合理地安排工作时间，处理好各种烦琐的事务，显得尤为重要。人们常说，一日之计在于晨，通常情况下，上午是精力最旺盛的时候，适合处理一些重要的工作。而下午，因为经历了一上午的工作，人们显得比较疲劳，注意力不容易集中，适合处理一些日常工作。当然，不管是上午正在处理重要的工作，还是下午正在处理日常的工作，一旦遇到紧急的情况，就要马上处理紧急的工作。分清事情的轻重缓急，合理地安排时间，可以节约时间，提高效率。

在一次时间管理的课堂上，教授先在桌子上放了水罐子，然后，他又从带来的木箱中拿出一些中等大小的能够放进罐子里的鹅卵石。教授不停地往罐子里放入鹅卵石，直到再也放不下了。这时，教授问学生们："罐子现在是满的吗？"

学生们不约而同地回答说："满了！"

教授笑着问学生们："真的已经满了吗？"

说着，教授就像变魔术一样又从箱子里拿了一袋碎石子出来，他把碎石子从罐口倒进去，而后摇一摇，使石子之间的缝隙减小一些，然后再继续加进一些。看着满怀疑问的学生，他又问："你们说，这罐子如今是满的吗？"

这次，学生们吸取了之前的经验和教训，不敢回答得太快，大家都谨慎地思索着，迟迟不敢回答。

过了足足有一分钟，班上有位学生才犹豫地轻声回答："也许还没有满。"

听到这个答案，教授显然非常满意地说："非常好！"

教授又拿出一袋沙子，在同学们瞠目结舌的目光中，缓缓地倒进罐子里。倒完后，教授又问学生们："如今，你们总该

知道这个罐子是满还是没满了吧!"

有了前两次的经验和教训，这次全班同学都毫不迟疑地说："没有满。"

"好极了！"这显然是教授想要得到的答案，不由地连声称赞这些学生："孺子可教也!"

教授继续从箱子里拿出一大瓶水，把水倒进看似已经被鹅卵石、小碎石、沙子填满了的水罐子中。

当沙子把罐子填的一点儿缝隙都没有之后，教授郑重其事地问学生们："从这个案例中，我们能够得到一个什么结论呢？"

学生们沉默了，看得出来他们都在认真地思索着。不一会儿，一位自以为聪明的学生回答说："不管我们的工作多么忙碌，行程安排得多么满，只要挤一挤，时间就会像海绵里的水一样，还是能够抽出时间来做更多的事情的。"

回答完之后，这位学生暗自得意："这堂课不就是讲时间管理的嘛，结论显而易见啊！"

听到这个学生的回答，教授微微地点了点头，笑着说："这个答案虽然听上去无可指责，但却并不是我真正想告诉你们的道理。"

这时，教授故意停顿了一下，神情严肃地告诉同学们："我想告诉各位同学的是，假如你不先把大的鹅卵石放进罐子中，而是先把小的碎石子和沙子放进罐子中，那么，你就永远

也没有机会把它们再放进去了。”

说到这里，学生们才恍然大悟。原来，教授是在教他们做事情要分清轻重缓急，合理地安排做事情的顺序。

在生活中，倘若一个人做事情总是手忙脚乱、焦头烂额，就要自我反省，找出原因。大凡生活和工作显得比较混乱的人，都是因为没有分清楚事情的主次，没有合理地安排好事情。当代管理学之父彼得·德鲁克说：“不管是谁，要想轻松地打理事务，就必须分清事情的主次。最糟糕的是什么事都做，但却什么事都只做一点，这样必将导致庸庸碌碌，一事无成。”

生活中总是充斥着各种各样的事情，要想使自己的生活秩序井然，就必须按照事情的重要性和紧急性进行合理的安排。最好的方法是，首先要处理迫在眉睫的紧急情况，然后再集中大段的时间做重要的事情，最后再用零散的时间处理无足轻重的繁杂小事。只要能够按照事情的轻重缓急安排好时间来处理，提高效率，生活和工作就会变得秩序井然，轻松自在。

学会适时舍弃，求得未来成功

在生活中，我们发现有些人总是气定神闲，悠然自在，而有些人却每日忙忙碌碌，为一些不值一提的小事烦恼、忧愁。其实，即使一个人的生活一帆风顺，也会受到一些琐碎烦恼的

搅扰。如果不能让自己从这些微不足道的烦恼和小事中抽身而出，就会深陷其中，难以自拔。而那些悠然面对生活的人是怎么做的呢？他们目光放得更为长远，把握好人生的大方向，从来不被小事所困扰。

现代社会，人们对物质的要求越来越高，欲望也越来越强。在利益的驱使之下，人们每天忙忙碌碌，为了生活整日奔波。不可否认，追求利益是人的天性，但是，利益有大有小，有长有远。每个人都想追逐大的利益，长远的利益，却又常常被眼前的利益蒙蔽了眼睛，为了眼前的一点儿蝇头小利而花费大量的时间和精力，甚至为此失去了长远的大利益。由此可见，很多时候，眼前的利益不一定就是最大、最好的。所谓运筹帷幄，通常指将帅在后方决定作战方案，也泛指主持大计，考虑决策。总而言之，运筹帷幄是对大局的整体把握。其实，为了获得长远的利益、更大的利益，我们有时不得不放弃一些眼前的利益，甚至是到手的利益。人们常说，“舍不得孩子套不着狼”，意思就是要懂得付出，懂得舍弃，这样才能有所收获。

那么，怎样才能运筹帷幄，不被眼前事所累呢？首先，要树立远大的目标和志向，眼睛不要只盯着寸土之地。世界是很广阔的，事情的发展也具有无限的空间，只有拥有远大的目标和志向，才能获得更大的收获。其次，要积累丰富的经验，对事情的预期发展做出准确的判断。世界处于不断的变化之中，

事情的发展也往往出人意料，令人难以预测。只有积累自己的经验，使自己的阅历更加丰富，才能对事情的发展做出准确的判断和预期，才能真正做到运筹帷幄。

张华刚刚大学毕业，面对就业的窘境，他非常迷惘。他的爸爸有一位叫朱振强的朋友自己开了公司，事业有成，取得了很大的成就。张华非常羡慕朱振强所取得的成就，因此便跑到朱振强那里取经，向他询问成功的诀窍。

得知张华的来意之后，朱振强一言不发，到厨房取来了一个西瓜，切给张华吃。让张华纳闷的是，这样一个叱咤风云的成功人士，居然不会切西瓜。只见，朱振强把西瓜分成四份之后，取出其中的一份，切成了大小不均匀的三块。张华迷惑不解地看着，不知道朱振强到底是何用意。

看到张华纳闷的眼神，朱振强笑着说："现在咱们来做一个选择。倘若这三块西瓜所代表的是一定程度的利益，你将做出怎样的选择呢？"朱振强一边说，一边把西瓜放在托盘上端到张华面前供他选择。

张华毫不迟疑地说："既然每块西瓜都代表一定程度的利益，那么，我当然要选择最大的那块！"一边说，张华的眼睛盯着最大的那块西瓜。

朱振强还是一语不发地笑了笑，把那块最大的西瓜递给了张华。

张华拿到西瓜以后就开始吃了起来，朱振强则拿起最小的

那块西瓜吃了起来。因为西瓜太大，张华刚刚吃到二分之一，朱振强就已经把那块最小的西瓜吃完了。朱振强吃完那块最小的西瓜之后，拿起来三块西瓜之中所剩的最后一块，悠然自得地吃了起来。他一边吃，一边高深莫测地冲着小伙子笑了笑。直到吃完西瓜张华才知道，朱振强吃的那两块西瓜加起来比他所吃的那块最大的西瓜大得多。

春秋时期，吴国有个叫季礼的贤士。有一次，季礼去徐国出使，顺便去看望老朋友徐君。看见季礼所佩戴的剑非常精美，徐君特别喜爱，但是又不好意思夺人所爱。季礼深知徐君的心意，但他还需要用到这把剑，因此，季礼就没有说明。出使刚刚回来，季礼就去把剑送给徐君，但是，他却发现徐君在他出使的这段时间里已经去世了。季礼来到徐君的墓前，悲伤地把剑放在了那里，然后黯然离去。季礼的随从纳闷不解，便问："既然徐君已经去世了，你为什么还要把剑放到墓前呢?"季礼说："徐君生前非常喜爱此剑，我深知他的心意，但是因为出使的事情，所以没有赠送给他。但是我的心里是很想把剑送给他的。如今，尽管徐君已经去世了，但是他的心里一定还是非常喜欢这把剑的，所以我决定把剑送给他。"这件事传出去以后，人们议论纷纷，全都称赞季礼是个重情重义的人。自此以后，很多人都不远千里地跑来和季礼交朋友。

在第一个案例中，张华立刻就明白了成功人士的意思：朱振强吃的那两块西瓜看起来都没有自己的大，但是，加起来的

总量却比自己的多得多。也就是说，自己赢得的利益没有朱振强多。和朱振强比起来，张华显然犯了短视的毛病。当听说每块西瓜都代表一定程度的利益之后，他就紧紧地盯着那块最大的西瓜，全然没有计算吃西瓜的速度和时间之类的因素。最终的结果是，张华看似占有了最大的那块西瓜，但是因为吃得太慢，所以，才使得朱振强吃完最小的那块西瓜之后，悠然自得地吃起了仅剩的那块西瓜。由此可见，要想获得成功，就要学会舍弃。只有学会舍弃眼前的利益，才能获得长远的大利。

在第二个案例中，虽然徐君已经死了，季礼根本无须把剑留在季礼的墓前，但是他念及朋友的情分，把剑留在了徐君的墓前。看起来，季礼失去了一把宝剑，实际上，季礼却因为这把剑获得了重情重义的美名，因而得到了更多贤明的朋友。

在生活中，人们难免要受到各种各样的利益诱惑。实际上，聪明的人往往会放弃眼前的一些小利益，以谋求更大的利益。很多时候，失去是为了得到更多，只有学会适时地舍弃，才能获得长远的利益。由此可见，只有先学会舍弃，才能获得成功。

人生如棋，深思熟虑走好每一步

在生活中，每个人都有自己的目标。有的人目标比较远大，好高骛远，有的人目标比较实际，有的人就是当一天和尚撞一天钟，没有目标。最为理想的人生状态是制定一个长远的目标，指导自己人生的方向，然后再把这个长远的目标分成若干个可以实现的小目标，一步一步脚踏实地地去实现。这样一来，就能够稳健地走好人生的每一步，步步为营。那么，怎样才能实现这样的人生状态呢？首先要善于思考。在生活中，有些人整日浑浑噩噩，懵懂度日，他们既没有长远目标，也没有短期目标。究其原因，是他们没有对生活进行认真的思索，因而也就没有对生活进行规划。

每个人的命运都掌握在自己手中，要想实现人生的目标，我们就必须认真地思考，合理地规划自己的人生。有目标的人生就像是一艘航向明确的船，向着人生的驿站驶去；反之，没有目标的人生则像是一艘没有航向的船，在人生的大海上随波逐流。我们只有勤于思考，明确人生的目标，才能更好地、更加合理地规划自己的人生，使自己的人生更加顺利、美好。

不管是谁，在人生中都难免遇到坎坷和挫折。很多时候，我们无需把目标定得过于远大，过于宏伟。假如好高骛远，就会因为理想遥不可及而难以坚持。当命运一帆风顺的时候，我们要想一想遭受坎坷时的艰难；当命运无比艰难的时候，我们

可以想一想以前成功的喜悦。不管人生的目标多么远大，都是由一个个近期目标组成的。要想实现远大的目标，必要的前提条件就是实现一个个近期目标。只有脚踏实地、按部就班地实现近期的目标，才能最终实现远大的目标。

俞夏和蔡明都是刚刚入校的大学生，面对着全然陌生的校园生活，她们觉得特别新鲜。俞夏的目标非常远大，她想在大学四年的生活中把自己历练成一个全能型人才，不仅学好专业课知识，考上研究生，还要全面发展，学好第二专业。比起俞夏来，蔡明的目标显得非常实际。蔡明的目标是在大学四年的生活中扎扎实实地学好专业知识，在专业领域内有所研究，此外，还要学好英语，达到六级水平。

新学期开始了，蔡明每天都按部就班地上课，每天早晨早起锻炼身体，然后朗读英语，业余时间不是泡在图书馆中，就是在实验室中埋头做试验。而俞夏呢？除了上课之外，在学校里几乎见不到她的身影，她不仅在课外报了一个技能培训班，还报了学习国画、声乐的训练班。俞夏每日都行色匆匆，把自己的每一分钟都充分利用起来，她想让自己四年之后脱胎换骨，还想让自己成为一个专业知识很强的专业型人才。转眼之间，她们已经上大四了。经过三年的学习，蔡明的专业知识非常强，还在业余时间发表了几篇专业方面的论文。因为她的目标相对专一，精力充足，所以她在大四刚开学就已经考过了英语六级。而俞夏呢？三年连日奔波的生活，耗费了俞夏大量的精力，她的专业课成绩平

平，选修的第二专业也没有学好。因为她在课外报的培训班太多，她的国画和声乐都没有取得出类拔萃的成绩。大四下学期，当同学们都开始忙着找工作的时候，俞夏却忙着应付各种选修课程和培训班的结业考试。在一家跨国公司的面试中，虽然俞夏有各种各样的证书，但是蔡明在专业领域内的建树和研究精神，使这家跨国公司毫不犹豫地选择了蔡明。

不管是谁，生活都需要脚踏实地地往前走。如今，面对严峻的就业形势，很多大学生迫不及待地给自己充电，难免会显得非常盲目，因此导致做了很多无用功。就像俞夏一样，大学四年的生活她过得非常辛苦，但是取得的结果却不尽如人意。相反，虽然蔡明的目标和俞夏比起来显得很苍白，但是却取得了可喜的成绩。比较这两个人的大学生涯不难发现，俞夏虽然忙碌，但是却像一只无头苍蝇一样，盲目地努力和付出。蔡明因为目标比较明确和专一，所以大学生活过得气定神闲，不仅达到了自己预期的目标，而且使自己享受到了充实又惬意的大学生活。对于她而言，这段大学生活是妙不可言的。在生活中，很多东西并不是一蹴而就的，我们必须用心思索，统观全局，才能做出合理的规划和安排。

著名作家柳青曾经说过：“人生的道路虽然漫长，但最重要的常常只在于那最关键的几步，尤其是当人年轻的时候。”由此可见，我们一定要深思熟虑，慎重地、稳健地走好人生的每一步。

第4章　随机应变，人生不必太守望执着

人是社会动物，除了要面对不断变化着的自己之外，还要面对瞬息万变的客观世界。因此，要想拥有从容淡定的人生，除了要从自己本身出发做好充分的准备之外，还要审时度势，准备好各种不同的方案，这样才能进退自如。

未雨绸缪，让你的预期变成现实

生活充满未知，有些是受人欢迎的，有些是人们避之不及的。然而，不管你是否愿意接受，生活的馈赠或者是考验都会如约而至，我们必须坦然面对。现代社会，生活节奏越来越快，整个世界都处于日新月异的变化之中。面对这些纷繁复杂的变化，有准备的人从容不迫、气定神闲；没准备的人焦头烂额，一团乱麻。但是，有些事情是躲也躲不过去的，与其硬着头皮上，不如事先做好准备，打有准备之仗。那么，怎样做准备呢？所谓准备，其实很简单。既然我们不能预知在生活中将遇到怎样的困难，就无从得知自己将会采取怎样的措施、需要怎样的帮助，那么，不如准备一些应对不同情况的方案。在发生具体的紧急情况的时候，就可以根据具体情况作出灵活变动。

艾米是师范院校的一名学生，如今已经上大四了，即将面临毕业。并且，艾米是国家定向委培的大学生，毕业后要回到原籍，当一名教师。不过，经历了四年的大学生活，艾米并不想回到老家那个小小的县城，她想去大城市，像鱼儿想游进大海一样。但是，爸爸妈妈并不是很支持艾米的这个决定，他们觉得老家的生活更加稳定，衣食无忧。而大城市就像是波涛汹涌的大海，充满了未知。就这个问题，艾米和父母讨论了好几次，谁都无法说服谁，最终，他们想出了一个万全之策。这个计划是这样的：从现在开始，艾米开始着手准备考研的事情，假如艾米能够考上研究生，就有了更多的筹码留在大城市。如果艾米没有考上研究生，那么，就要按照父母的意愿，服从国家分配，回到老家当一名老师。倘若艾米还想去大城市，那么，就可以一边工作一边考研，等有了足够的资本之后再去大城市拼搏。对于这个万全之策，大家都觉得非常稳妥，因此得到了全家人的一致认可。

因为准备的时间过于仓促，艾米以十分之差与研究生的录取通知书失之交臂。不过，艾米并没有气馁，回到老家之后，她在认真做好教师工作的同时，专心复习，准备再次参加研究生考试。遗憾的是，艾米再次落榜了。不过，艾米依然没有气馁，她还有两年的时间，她坚信，只要认真复习，就一定能够考上研究生。幸运的是，艾米参加工作一年多以后，她所在的学校有一个对外交流的机会，要委派一名还没有结婚成家的青

年教师去美国工作和学习一年。因为艾米出色的工作表现，再加上英语水平很高，所以学校领导一致同意把这个宝贵的机会留给艾米。艾米心里很清楚，这个机会十分难得，是很多人求之不得的。为了慎重起见，艾米和父母商量了这件事情，父母一向希望艾米的生活能够更加安稳，主张艾米不要放弃这个宝贵的机会。只要从美国学成归来，艾米就将渐渐地由教师走向管理者的岗位。经过再三思索，艾米最终决定不再考研，而去美国学习一年。

事实证明，艾米的选择是对的。艾米从美国学成归来以后，在短短的一年时间内就被提拔为学科带头人，又过了两年，她成了全校最年轻的副校长，主管对外交流和英语的教学。如今的艾米，春风得意，比很多考了研究生的大学同学得到了更大的舞台展示自己。

对于大四学生而言，很多人都不知道自己未来的道路在何方。他们或者盲目地考研，或者匆匆忙忙地找工作，或者浑浑噩噩地当一天和尚撞一天钟。因此，很多学生毕业以后在很长的一段时间内都找不到工作，还有的学生毕业之后不工作专门考研，一年不行两年，两年不行三年。考研难道真的是一个一劳永逸的金饭碗吗？其实不然。随着社会的飞速发展，越来越多的研究生从学校步入社会，倘若学艺不精，即使是研究生，也未必能够找到好工作。

社会上的很多工作并非都必须要求研究生从事，很多工

作，本科生就已经足够用了。因此，作为大学生不要盲目地考研。艾米之所以能够在平凡的岗位上获得成功，是因为她能够认真地听取父母的意见，合理地规划自己的人生。正是因为她和父母一起制订的不同方案，才使她在面对各种情况的时候进退自如，从容不迫。

看清形势，方能行稳致远

《三国志·蜀志·诸葛亮传》裴松之注引晋·习凿齿《襄阳记》：“儒生俗士，识时务者，在乎俊杰。此间自有卧龙、凤雏。”这句话的意思是说，能认清时代潮流的人是聪明人。

作为社会的一员，每个人都置身于各种各样纷繁复杂的关系之中。很多时候，一件事情看上去很简单，但其实与其他的人或者事之间有着千丝万缕的联系。倘若处理不好关系，轻则得罪别人，重则惹祸上身。这就要求我们一定要看清楚形势，顺应时事，不要固执己见。虽然我们常常把见风使舵用作贬义词，但是，生活却要求我们要学会采纳别人的意见，广征博览，海纳百川。当然，这里并非要求人们毫无主见，人云亦云，毫无原则地做人做事，而是让人们灵活处事，从谏如流。置身于复杂的社会中，我们必须清楚地认识外界的环境以及自身的能力。只有将一切了然于胸，才能做出正确的决断。一个

固执己见的人，很容易招致别人的反感，甚至使别人吝啬于给他提供建议。这样一来，他就会变得越来越闭塞。倘若这样一味地执迷不悟下去，必将导致他距离自己所追求的目标越来越远。

在炎热的夏天里，蝉总是不停地叫着："热啊，热啊。"一天，一头驴驮着沉重的货物行走进树林里，听到蝉的叫声，驴觉得很好听，对蝉说："我真是太羡慕你了，每天都躲在树叶下面唱歌，哪像我这么命苦啊，即使是在这么炎热的天气里，我也要驮着沉重的货物不停地行走。"蝉说："你可不要羡慕我，除了唱歌之外，我什么也不会，只能依靠喝露水为生。哪像你呢，虽然劳累一些，但是人类却给你准备了香喷喷的食物。"听到了蝉的话，驴还是坚持认为蝉的生活更加舒适惬意，而自己的生活苦不堪言。因此，驴苦苦地哀求蝉："蝉，你能不能教我唱歌呢？我想，如果我的歌声像你一样美妙，主人也许就不会让我驼这么沉重的货物了。"看到驴真挚诚恳的样子，蝉答应教它，不过，蝉向驴提出了一个要求："你首先要学我，每天只以露水充饥。如果你还像以前那样吃那么多粗糙的食物，你的嗓音就不可能像我这么清脆。"驴按照蝉所说的做了，结果，一天过去了，驴的肚子饿得瘪瘪的；两天过去了，驴饿得浑身无力，甚至连路都走不动了；三天过去了，驴饿得只剩下一口气，倒在地上再也站不起来了。

这个寓言中的驴，因为没有分析清楚客观情况，盲目地羡

慕蝉，最终导致自己饿倒在地。从另外一个角度来说，即使它没有饿倒，天天都像蝉那样喝露水，也无法唱出清脆的歌声。因为没有认清楚客观存在的情况，驴所做的事情完全是徒劳无益的。

亚瑟是一名推销员，专门为一家设计花样的画室推销草图，他的服务对象是纺织品制造商和服装设计师。为了把草图推销出去，他曾经连续三个月每个礼拜都去拜访纽约一位大名鼎鼎的服装设计师。不过，让亚瑟疑惑不解的是，虽然那名服装设计师每次都热情地接待亚瑟，但是却从来不买亚瑟推销的那些图纸。每次，他都彬彬有礼地和亚瑟交谈，认真地品鉴亚瑟带去的草图。遗憾的是，每当到了紧要关头，设计师总是用一句“亚瑟，我看我们是做不成这笔生意的”就把亚瑟打发了。在经历了多次的失败之后，亚瑟找到了症结所在。原来，他每次去都用老一套的推销方法，毫无新意，想必设计师早就听烦了。因此，亚瑟决定每个星期都抽出一个晚上去看励志方面的书籍，学习为人处世的哲学，以便更好地与人相处。

知识的力量是无穷的，没过多久，亚瑟就想出了征服那位服装设计师的方法。他从各种渠道了解到那位服装设计师骄傲自负，很少能够看得上别人设计的作品。因此，亚瑟一改往日的习惯，他带了几张还没有完成的设计草图来到设计师的办公室。“约翰先生，如果你愿意，能不能帮我一个小忙？”他对服装设计师说，“我这里有几张还没有完成的草图，遭遇了瓶

颈，很久都没有完成，你可以指点我一下吗?”设计师认真地看了看图纸，发现设计颇有新意，就说：“亚瑟，你可以把这些图纸留在这里，我会看的。”几天之后，服装设计师给亚瑟提出了一些中肯的建议，亚瑟按照设计师的意思很快就完成了草图。结果出人意料，这次的草图获得了服装设计师的赞赏，甚至没用亚瑟推销，他就主动购买了全部的草图。

从此以后，亚瑟经常询问买主的意见，然后再根据买主的意见完成图纸。由于买主参与了设计的过程，因此对草图再也不像之前那样吹毛求疵了，而是像对待自己的作品一样对草图赞不绝口。

可想而知，亚瑟找到了一个推销草图的捷径。当然，这个捷径并非凭空得来的，而是亚瑟凭借自己的聪明才智领悟到的。显然，买主给出了亚瑟修改和完善草图的意见，这样一来，草图就相当于是买主自己设计的。试想，谁会对自己设计的作品吹毛求疵呢？而亚瑟之所以能够取得成功，正是因为他善于反思，从谏如流，他不仅主动地询问买主的意见，而且积极地根据买主的意见修改草图。

纵观古今中外，很多成功人士早期的人生规划都有一定的盲目性：安徒生曾经梦想当一名演员，马克思曾经梦想当一名诗人，高斯曾经梦想当一名作家。然而，他们最后都远离了自己的梦想，在与最早的梦想没有太大关联的领域内做出了一番成就。究其原因，是因为他们及时调整自己奋斗的方向，寻找

到了新的更适合自己的发展方向，所以才能在新的领域里取得成就。显然，这正是成功人士比常人高明的地方。总而言之，识时务者方为俊杰，误入歧途后千万不要执迷不悟，固执己见，而要重新审视自己，为自己找到一个正确的方向。

创新思维，谋求新发展

在生活中，有些人不管是做人还是做事，都非常灵活，能够根据现实的情况灵活变通。但是，有些人却非常固执，一条道走到黑，不到碰得头破血流不回头。人们常说，条条大路通罗马，实际上就是在告诉人们要学会变通。

职场上，很多人都给自己制定了目标，但目标与目标之间有着很大的不同。有人的目标是短期之内就能够实现的，有人的目标是必须经过长期坚持不懈的努力才能实现的。然而，不管是什么样的目标，都未必是一定能够实现的。这就要求我们学会根据实际情况进行变通。因为身处的世界和周围的环境都处于不断的变化之中，所以目标就无法做到丝毫都不改变。要想改变，就要扩展自己的思路，不要在一棵树上吊死，更不要在一个路口堵死。

李明宇是一名大四学生，从大三开始，他就在苦学英语，想在大学毕业之后考研。不过，李明宇似乎没有学习英语的天

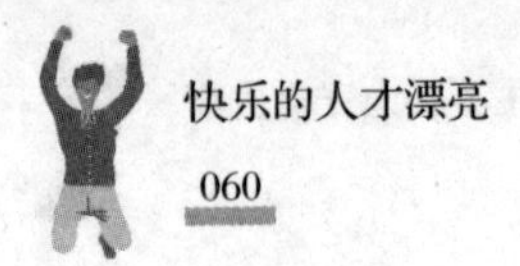

分，每当学校进行英语考试的时候，他都是蒙混过关。大四的时候，他参加了研究生考试，因为英语不及格，他没有过关。为此，李明宇非常消沉，他怎么也不服气，自己其他几门功课的成绩都不错，怎么能因为英语就与研究生学历失之交臂呢！

大学毕业后，李明宇没有参加工作，而是继续全心全意地复习，想在次年考研。这次，他主攻英语，每天早晨和傍晚都捧着英语书在狭小的出租房中苦读。似乎是上天在捉弄他，他的英语成绩再次以一分之差落榜。这次落榜给了李明宇很大的打击，而且，他的父母也向他发出了“最后通牒”，希望他能边工作边考研。李明宇的父母都是农民，想尽办法才供李明宇读完了大学。如今，李明宇为了考研不参加工作，无疑是给父母增加了沉重的负担。就在此时，李明宇的同学给他介绍了一份很好的工作，而且他的面试也通过了。出人意料的是，李明宇经过再三思索放弃了这份工作。听到这个消息之后，李明宇的父亲气得生了病。

李明宇的心中还是有一个解不开的疙瘩，他觉得自己既然已经专心致志地考研两次了，第三次一定能够通过，而一旦参加工作，之前所花费的时间和精力岂不是白费了？因此，他又毅然决然地开始复习起来。

命运真是捉弄人，这次考试，李明宇的英语成绩过关了，但是专业课的成绩却差了几分。原来，因为英语拖了后腿，所以李明宇最近两年一直在和英语较劲，不知不觉中就忽略了专

业课的复习。事已至此，看着昔日的同学经过三年辛苦的工作已经成为部门主管了，李明宇的心中充满了懊悔。再看看年迈的父母，他更是觉得内疚不已。

在这个事例中，李明宇显然犯了固执己见的毛病。他不仅没有考上研究生，而且白白地浪费了三年的时间。要知道，在这宝贵的三年时间中，原本和他处于同一条起跑线的同学如今已然成为了业务骨干、部门主管。和他们比起来，李明宇不仅没得到研究生那一纸文凭，更没有工作经验，而且还白白地浪费了三年的宝贵时间。倘若李明宇当时能够打开自己的心结，换个角度看待问题，就不会造成今天的被动局面。

对于任何人而言，在给自己制定目标的时候都要随时结合处于变化之中的实际情况，灵活机动地应对。一个追求事业的人，假如通过长期努力还是无法达到设想的目标，那么就应该认真地反省自己，分析现实的情况，看看这个目标对自己是否合适。假如不合适，就要及早抽身，适时退出，设立新的目标，避免在一个路口堵死。

小舍有小取，大舍才能大取

人生如白驹过隙，是非常短暂的。在这短暂的人生中，人们既要享受幸福，也会经历痛苦。虽然美好的东西数不胜数，

但是，坎坷和挫折也是不可避免的。现代社会，人们对物质的要求越来越高，我们总是希望得到更多的金钱和财富，以满足自己无止无境的欲望。正是因为欲壑难填，人们才会铤而走险，甚至走上违法犯罪的道路。其实，人生是有限的，人们能够享受的东西也是有限的。要想拥有从容快乐的生活，就要控制自己的欲望，适当地放弃一些东西，这样才能够收获更多的幸福。

人生就像一条一去不返的河流，奔腾不息，或缓或急，没有回头的余地。正是因为世界上没有卖后悔药的，所以人们总是试图抓住更多的东西。人生中充满了或大或小的选择。如果选择得正确，人生就会更加幸福快乐，如果选择得错误，就会误入歧途。那么，选择的标准是什么呢？是得到的越多就越好吗？其实不然。面对选择，并非得到的越多越好，有的时候，失去也是一种得到，甚至还能得到更多。

孟子说："鱼，我所欲也，熊掌亦我所欲也；二者不可得兼，舍鱼而取熊掌者也。"这句话的意思是说，鱼是我所想要的，熊掌也是我所想要的，假如这两种东西不能够同时得到，那么我会舍弃鱼而选择熊掌。其实，人们的欲望和贪婪是永无止境的，容易满足的人，往往能够知足常乐。反之，越是不容易满足的人，胃口就会变得越来越大，最终为了满足无休无止的贪婪的欲望而不择手段。战国诗人屈原在《天问》中记载："一蛇吞象，厥大何如？"由此衍生了"人心不足蛇吞象"的

说法。在面对取舍的时候，更多的人选择了取，而避开了舍。

实际上，倘若人们能够真正地放下贪婪的欲望，不追求那些不切实际的虚幻之物，使自己变得更为知足，就能够更加幸福快乐地生活。真正聪明的人知道人生是一个不断放弃的过程，有舍才有得。懂得取舍，才能做出正确的选择。有的时候，我们不可能享有所有的幸福，必须权衡利弊，抓大放小，才能得到更多。要知道，贪婪的欲望将压得我们喘不过气来，使我们无暇享受生活的惬意与幸福。行走在人生的路上，每个人的肩上都背着一个行囊，行囊里的东西越多，你的脚步就会越沉重。只有适时地舍弃一些无足轻重的东西，才能轻装上阵，从容地行走在人生的路上。

李杜是一家国营单位的厨师，水平一流，在单位里深得领导的器重。一个偶然的机会，李杜被单位派去北京的一家五星级饭店学习厨艺。经过一年的学习，再加上李杜的勤学苦练，他的厨艺得到了这家五星级饭店董事长的赏识。转眼之间，学习期结束了，董事长邀请李杜留在北京，担任总厨。不过，李杜很犹豫，因为虽然总厨的工资很高，福利待遇也很好，但是国营单位的工作显然更加稳定。而且，李杜的妻子和孩子都在老家生活，如果回到国营单位，可以一家人团聚在一起。如果留在北京，妻子和孩子只能留在老家，即使来了北京，妻子也面临着失去工作的窘境，孩子上学的户口问题也无法解决。经过慎重的考虑，最终李杜还是决定回到老家和妻儿一起生活，

过安稳幸福的日子。

几年过去了，孩子长大了，得知李杜曾经有机会留在北京的时候，儿子不由得问："爸爸，你当初为什么不留在北京呢？那样，我们现在可就是北京人了！"李杜笑了笑，对儿子说："北京虽然好，但是却不是咱们的家。如果留在北京，也许咱们一家人现在还在漂泊着呢，哪来这么安稳的生活呢！不管在哪里生活，只要一家人在一起，平安健康，就是最大的幸福！"听了爸爸的话，儿子若有所思地点了点头。

在生活中，我们经营会面临着取舍。例如，是在国营单位当一天和尚撞一天钟，还是自己创业当老板？是要一个孩子，还是要两个孩子互相做个伴？是让孩子学习钢琴，还是让孩子学习声乐？是借钱买套大房子住，还是一家人住在小房子里？面对众多的选择，人们的内心摇摆不定，犹豫不决。其实，每个人都有选择自己生活的权利，有的人喜欢安稳的生活，有的人则喜欢刺激的生活，喜欢趁着年轻奋力搏一搏。不管做出哪样的选择，都要记住一点，既然是选择，就一定有取舍，一个人不可能处处顺心，事事如意，有舍必有得，有得必有失。即使是得到，也有大的利益与小的利益、长远的利益与眼前的利益之分。在做出选择的时候，我们要学会先舍后得，取大舍小，这样才能做到无怨无悔。

美国著名的心理学家、哲学家威廉·詹姆斯说："取舍的艺术是明智的艺术。"要想更从容地生活，就必须掌握这门艺术。

理性的思考是人生奋进的利器

当今社会，每天都处于日新月异的发展变化之中，促使人们的心理也发生着急剧的变化。在越来越多的物质诱惑面前，很多人好高骛远，不能静下心来脚踏实地地生活。他们整日梦想着自己有一天能够出人头地，甚至盲目地去做一些不符合实际情况的事情，幻想一步登天。结果好高骛远、不切实际的人都从天上重重地摔倒了地上，一事无成。不管干什么事情，要想取得成功，都必须保持理性，一步一个脚印地实现自己的目标。看看那些成功人士的人生历程不难发现，所有成功人士都是一步一个脚印地干出来的，仅仅凭借小聪明与不切实际的空想，是很难获得成功的。

在象牙塔中生活的大学生，每天都过着无忧无虑的生活，很少考虑到残酷的就业现实，一旦毕业，他们的心理就会受到剧烈的冲击。原本，他们对就业充满信心，觉得自己毕业之后肯定能够轻轻松松地找到一个金饭碗，然而，现实情况却让人大跌眼镜。为了避免这种情况的发生，从大学时代开始，就应该保持理性，正确地认识自身，认识社会，抛弃那些不切实际的想法，这样才能更好地融入社会。

李霞和乔丽是计算机系的大四学生，即将面临毕业。从大四上学期开始，同学们就开始陆陆续续地出去找工作了。李霞心高气傲，觉得自己上了四年大学，应该找一份很好的工作。

因此，李霞对一般的小公司根本看不上眼，只向那些大公司投递简历。乔丽的想法却和李霞不一样，乔丽知道如今的大学毕业生很多，找工作不太容易，因此，她除了向大公司投简历之外，也选择向一些中小型比较有发展潜力的公司投简历。大四下学期的时候，学校组织了一次招聘会，很多企业都来参加。在招聘会上，通过现场面试，一家软件开发公司现场表示愿意聘用李霞和乔丽。得知这个消息，乔丽非常高兴，表示愿意去这家公司工作。但是，李霞却有些犹豫，她还是觉得这家公司有点儿小，比不上那些规模比较大的外企。尘埃落定之后，乔丽开始专心致志地准备毕业论文和答辩，因为准备得比较充分，乔丽的毕业论文还在省级刊物上发表了。而李霞却仍然奔波在四处求职面试的路上。几个月的时间转眼就过去了，乔丽拿到毕业证书之后就高高兴兴地去那家软件公司上班了，而李霞的工作还是没有着落。

毕业一年之后，同学们进行了一次聚会。在聚会上，乔丽惊讶地得知李霞迄今为止还没有找到合适的工作。而乔丽所在的公司虽然小，发展潜力却很大，也正是因为公司比较小，所以晋升的空间很大，如今乔丽不仅发表了好几篇学术论文，而且已经成为了研究小组的组长，在公司里带领十几个人搞研发。

看到同学们都在兴高采烈地讨论自己在单位中的成就和工作心得，李霞懊悔不已。

显然，李霞犯了一个严重的错误，即好高骛远，没有正确的自我认知。正是因为她对自己的预期不切实际，才导致她毕业整整一年还没有找到合适的工作。其实，对于现在的大学生而言，在找工作的时候没有必要非得一步到位，因为刚刚毕业的大学生毕竟没有工作经验，可以先找一家相对有发展潜力的公司，和公司一起成长。进入那些中小规模的相对有发展潜力的公司，大学生们往往能够得到更大的发展空间。常言道，大公司做人，小公司做事。在小公司里，大学生们有更多的机会锻炼自己的能力，快速成长。

如今，越来越多的大学生改变了不切实际的想法，他们变得越来越现实，脚踏实地。有些大学生甚至愿意从事家政服务，成为既有知识又有素质的新型保姆；有些大学生不怕困难和辛苦，或者自己开一家小店创业，或者自己开一家网络上的淘宝店铺，现在，他们已然不再把目光紧紧地盯着跨国大公司、外企，而是脚踏实地地开拓自己的人生。随着思想变得越来越理智，他们的人生道路也必将越走越宽，生活也会变得越来越从容和幸福。

完美的人生需要适当妥协

种植过向日葵的人都知道，不管阳光在哪个方向，向日

葵的花盘总是朝着阳光的方向；观察过溪流的人知道，不管河床多么蜿蜒曲折，河流总是随着河床而流淌。在生活中，每一个人都要学会妥协，随着春夏秋冬的变化增减衣服，随着客观外物的发展变化调整自己的策略，这都是一种妥协。无论人生的道路是多么平坦，人们都会遇到一些难以预见的情况。倘若是惊喜还好，倘若是灾难，就要学会柔韧地面对。所谓柔韧地面对，说白了就是一种妥协。很多时候，坚硬的东西很容易断裂，那些柔韧的东西反而具有更强的承受能力。通常情况下，男人是家庭的顶梁柱，但是，科学家经过研究发现，看似柔弱的女性的承受能力其实更强。究其原因，正是女性柔弱的天性决定了女性比较柔韧，在面对生活的艰难困苦的时候，她们能够默默地承受这一切。相比之下，男性则不同。虽然很多男性看上去都非常坚强勇敢，当面对灾祸的时候，他们很容易像易碎的陶瓷一样一碰就碎。从本质上来讲，他们的坚强比不上女人的柔韧更能承受压力。

在人际交往的过程中，细心的人不难发现，女人更善于妥协。男性有的时候处处讲究原则，受不得一点儿委屈。但是女性则不同，她们就像头发，虽然发丝很细，但是却有韧劲。尤其是在职场，因为女性处理问题的时候非常灵活，能够因时因地制宜，有的时候还能够“见风使舵”，所以她们往往能够如鱼得水。因为善于妥协，女人们获得了更长远的发展。

朱莉是一家公司的销售员。何明也在销售部，平日里和朱莉的关系相处得比较好，业绩也做得不相上下。何明比朱莉早两年来公司，已经算是老员工了。最近，销售部的主管因为怀孕辞职了，这样一来，销售部主管的位置就空了下来。销售部有二十几个人，每个人都对这个职位虎视眈眈，不过，最有希望的还是朱莉和何明。相比之下，因为何明来公司的时间比较长，所以接替主管位置的可能性更大。

经过半个多月的考核，公司高层召开了一次董事会，定下了销售主管的人选。对此，同事们议论纷纷，有人恭喜朱莉，有人恭喜何明，最后的任职通知书还要等一周才能下来。对此，朱莉总是一笑置之，说没影的事情，让大家不要瞎猜疑。而何明则沾沾自喜，觉得自己一定会稳操胜券，毕竟，他比朱莉多两年的工作经验，还是很难得的。周一上班的时候，在例会上，总经理当场宣布了新任销售部经理的人选。出乎所有人的意料，公司居然外聘了一个曾经在其他公司工作过的销售主管来接替销售经理的职位。听到这个消息之后，何明的脸上马上现出了尴尬的神色，甚至还有些恼火。朱莉虽然也有些不高兴，但是却尽力压抑着自己的情绪，避免太过于明显。

新任销售主管上任的第二天，何明就递交了辞职报告，虽然新任主管竭力挽留，但是何明的意愿却非常坚决。与何明的态度截然相反，朱莉比往日表现得更加积极，尽力配合新任主管的工作。经过一段时间的考察，公司要在海南成立一个

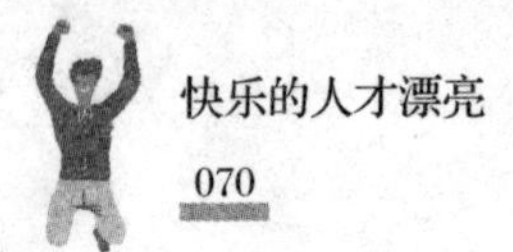

销售分公司，想调一个销售经验比较丰富的销售员过去当分公司的经理。这次，公司高层一致同意调朱莉过去当销售分公司的经理。后来大家才知道，原来，早在聘用新任销售主管的时候，公司就已经决定要调何明去海南担任分公司的经理了。但是，因为何明没有沉得住气，早早地就辞了职，所以这个机会理所当然地落在了朱莉的身上。如今的朱莉，春风得意，在海南的市场上带领公司的员工们奋力打拼，为公司开拓了海南的市场。而何明呢？辞职以后，他不得不进了一家新公司重头做起。

在上述事例中，倘若何明能够沉得住气，在公司里再坚持工作一段时间，观察一下公司管理层的真实意图，那么，海南销售分公司经理一职就非他莫属了。在生活中，每时每刻都需要妥协，正是因为人们的妥协，世界和社会才会变得更加和谐。倘若人类不向自然妥协，自然就会惩罚人类；倘若人在工作中不会向领导妥协，就会失去很多充实自己的机会；倘若夫妻之间不懂得妥协，就会每天吵得鸡犬不宁；倘若朋友之间不懂得妥协，就会反目成仇，形同陌路。总而言之，要想使自己的生活更加美好，要想让自己获得更加长远的发展，就要学会妥协。要知道，在这个世界上，没有绝对的公平存在，这就要求我们要学会审时度势，以获得长远利益为目的，学会适时适当地妥协。

第5章　事不张扬，沉下身心才会飞得更高

现代社会是竞争型社会，我们要想脱颖而出，就必须要懂得表现自己。但俗话说“枪打出头鸟”，如若你想表现自己，让别人承认你，也应该选对时机。当你羽翼丰满时、当情况紧急以至于不能没有你时，这个时候，搏击长空的你才会更令人信服。总之，真正有大智慧、做大事的人往往懂得在不显山、不露水中悄然发展。因此，当遇到不利的情况或者可能对自己造成伤害的情况时，万万不能凭一时冲动办事，也不应该什么事都第一个跳出来，而应毫不犹豫地将自己隐蔽起来，切勿逞匹夫之勇，而毁了自己的前程。

给别人机会，就是给自己机会

人生在世，无论是谁，都避免不了这两件事：一为说话，二为做事。无论说话还是做事，都必须既有条又有理。这其中的条理，即为“度”的把握。中国人有句极具哲理的话：“话不说满，事不做绝。”这句话的含义是，为人处世要低调，要把握好分寸，很多时候，给他人留有机会，也就是给自己拓展空间；而做人太嚣张、对他人赶尽杀绝，也无疑是断了自己的退路。

我们来看下面的寓言小故事：

有一群水牛，其中有一头雄壮而温顺的公牛被尊为水牛王。

有一天，水牛王带牛群外出觅食，遇见一只顽猴挑衅，还向水牛王抛掷石块。水牛王见状不仅不怒，还制止其他牛的报复行动。树神看到后不解地问水牛王为什么这样懦弱。水牛王说了一句偈语来回答："彼轻辱贱我，又当加施人；彼人当加报，尔乃得牲患。"过了一会儿，有一伙婆罗门经过这里，那只猴子又故伎重演，打了这伙婆罗门。结果，被人抓住，痛打致死。

这则小故事中，水牛王是有远见的、聪明的，低调一点换来的是和平。而猴子是无知的，它去招惹婆罗门，无疑是拿石头砸了自己的脚，而这更应验了水牛王的话："彼轻辱贱我，又当加施人；彼人当加报，尔乃得牲患。"

这个故事告诉我们为人不可太狂妄，更不能欺人太甚、以强凌弱，给别人留后路也就是给自己留退路，有时受欺者貌似软弱，实际上是胸怀宽广，不与计较。当你受气之后，不必忿恨不已，更不要冲动地做出让自己后悔的事。

俗话说得好，"满招损，谦受益"。水缸装满了水，再往里面添水，就会往外溢，这就是物极必反，事物发展到了极端，必然朝着相反的方向发展。所以，我们为人也不可太狂妄，更不能欺人太甚，以强凌弱，给别人留后路也就是给自己

留退路。当你受欺之后，不必忿恨不已，或冲动地做出让自己后悔的憾事。

所以，生活中的人们，做事时一定要为他人留有余地，这也是给自己留条退路。比如，当你取得非常显赫的位置或者事业取得非常大的成功时，你就不要争强好斗了，而应该与别人分享，与别人合作。再比如，在与人竞争的过程中，如果自己已经势在必得，要学会给别人留一条退路，同时也给自己留一条退路。凡事如果做得太绝，不留后路，就会一败涂地。说话、做事讲求弹性，把事做得更加灵活、进退得宜，无论是在职场还是社交场，你都会如虎添翼！

不卑不亢，才是人生大境界

戴尔曾经说过一句话："不卑不亢，赢得尊重，想要别人怎样对待你，你就怎样去对待别人，这是赢得尊重的好方法。"人，是社会的人，身处社会就必须要与人打交道，谦逊待人固然重要，但绝不可低三下四、一味地奉承拍马。

三人行必有我师，很多时候，与我们打交道的人可能在某方面强过我们，对待他人的确要做到有礼貌、谦逊。但是，绝不要采取"低三下四"的态度。绝大多数有见识的人，对那种一味奉承、随声附和的人，是不会予以重视的，也是不予信任

的。在保持独立人格的前提下，你应采取不卑不亢的态度。

在一家保健品公司，有两个员工，有两种明显不同的行事作风。一个是营销部总监李丰，另一个是广告部总监郑爽。

李丰是公司的元老，为公司的发展立下了汗马功劳，老总也很器重他，把他从一个普通职员升到了营销总监的位置。可是，自从当上了营销总监，李丰的自我意识便开始膨胀。他认为，自己在营销方面的才能无人能敌，于是大小事不再向老总汇报，而是擅自做主。为了树立威信，他不仅对下属严厉苛责，也时常与老总发生冲突。员工们背后都议论他“倚老卖老”，怨言很多。老总虽然有万般不舍，还是“挥泪斩马谡”，委婉地劝他离开。

而郑爽在公司任职的时间远远没有李丰的时间长，而他和李丰就不一样，在公共场合，他从来都不反对老总的意见，但如果老总的想法确实有错，他会私底下找老总沟通自己的想法，给老总决策提供参考。这样，郑爽很快就取得了老总的信任和支持，到公司才一年就当上了广告部总监。

李丰和郑爽之所以有不同的职场命运，与二人的说话、行事方式有很重要的关系。李丰虽然是公司老员工，但无论对下属还是领导，都显得过于张狂，无奈之下的领导只能将他开除。而郑爽的做事方法给足了领导面子，但当领导做出错误决定时，又能主动委婉地提建议，不卑不亢，这才是一个下属应该有的说话态度，自然会得到领导重用。

在职场，任何诋毁和藐视上司的言行都是一种禁忌。无论你是谁，无论你对公司来说多重要，这样的行为都将为你的职业生涯带来危机。而与上司争吵辩论更非明智之举，它将毁坏你的形象，并且使上司疏远你。所以，要想获得上司的信任，首先你要尊重他。但尊重领导，并不意味着你要对领导惟命是从，低声下气。

事实上，不仅是职场，任何场合，我们与人打交道，要想取得对方的信任，都要做到不卑不亢。孟子拜见过许多诸侯，在《孟子·尽心下》中，他记录了这样的一句话："说大人则藐之，忽视其巍巍然。"这句话的意思是说，不管对方地位多高，身世多显赫，在和他对话时，你也不要刻意显出低姿态，不卑不亢才是最好的对话态度。

某报著名编辑想与某位大作家约稿。听说这位作家很高傲，于是拜访的时候，编辑只字不提约稿的事，只是和他聊天。

在双方交谈甚为融洽之时，编辑突然问："先生，听说你最近写的一部长篇小说在国外很畅销，有这回事吗？我读过不少您的作品，但您的创作手法奇特，这本书也能翻译成其他文种吗？"

这位高傲的作家听到这句话，心中更是乐不可支，态度也不再那么傲慢了，他说："是有这回事，翻译倒是可以，只是苦了翻译及编辑人员。"两人于是开始兴致勃勃地谈论起文学

作品。

而几十分钟后，大作家亲口答应当天就给这位编辑一篇文章，最后编辑高高兴兴地回去交差了。

在这个案例中，编辑采用的是特殊的说话策略。由于名人都有一定的社交范围，有高人一等的优越意识，但并不是无法与之沟通。

要做到不卑不亢与人交往，需要我们做到以下几点：

首先，摆正位置，以示真诚。

与知名人士说话，要准确把握双方关系，给其以相应位置，充分表现出对他的尊重。比如，对于某嘉宾的到场，我们可以说："感谢您百忙之中抽出时间来参加我们的活动。"这是合乎现实的，不仅不会损害自己的"身价"，而且会取得名人嘉宾的信任。

其次，消除心理障碍，尊重与严谨并存。

面对知名人士，心理上难免有障碍，如果不敢正面和对方交谈，让对方始终以压倒性姿态占在上风，这就容易让自己一直处于劣势。因此要消除心理障碍，学会主动交谈，尝试主动地走上去，说："某某先生，您好！欢迎您加入本次写作的交流会。"

最后，态度自然，不卑不亢。

知名人士一般会在地位、阅历或者学识上高我们一筹。与他们交往，常令我们对他们肃然起敬，但这更意味着我们要态度自然、不卑不亢地与之说话，自我贬低会无形中降低我们的

说话身份。

总之，与人交往，内心上的尊重才是真正的尊重，只有在心理上有尊重对方的想法，才可能做出尊重对方的行动。所以，你必须牢记："每个人在人格上都是平等的。"不要因为看不起人就在沟通上有着轻蔑的口气，也不能是当着对方一套，背地里又有一套，那样迟早会让对方感觉出来，也许因此你就失去了他的信任。而不卑不亢，才是赢取他人信任的最好方法。

尊重别人，是最高级别的修养

"你敬我一尺，我敬你一丈"，这原本是在酒桌等社交场所常听到的一句话，但也是一种低调为人的行事原则。的确，尊重别人是一种美德，受到别人尊重是一种幸福。但尊重是相互的，我们若希望得到他人的尊重，就要先尊重他人。为了个人的目的不惜损害他人的利益，是一种不道德不可取的行为。尊重是做人最起码的准则，更是一种谦逊为人的体现。相反，不知道尊重别人，逞一时之快，自私自利的人，是不会受到大家的欢迎与认可的。

在中国民间，流传着一个故事：

一天，唐伯虎游玩西湖时，又累又饿，便在西湖边某酒

楼里吃了一顿午饭，但当他找来店小二准备结账时，发现身上的钱袋居然丢了。唐伯虎当时就急出一脑门子汗，啪的一声打开手中扇紧摇慢扇……看到扇子他来了主意："就凭我的画，这把扇子怎么不抵几个酒钱？"没想到，店小二根本不认识唐伯虎，对他的纸扇更是不识货，便说老板不在，做不了主。唐伯虎一时来了气："嘿，我还就不信变不了现了！"他吆喝起来："谁买扇？"

邻座有个很富态、一看就是一个富商的胖子一把拿过扇子，看了几眼说："画的什么呀这是？简直一文不值。"随手扔在地上，唐伯虎此时相当不快。

一个书生模样的人在一旁实在看不下了，便过来捡起扇子擦拭起来。他本意是打算接济一把这位差点沦为乞丐的食客，忽然他眼睛一亮："哇，这不是唐伯虎的墨宝吗？"再看唐伯虎，他果真发现唐伯虎的气质显得与众不同，一派文人风范，器宇轩昂。这位书生激动而又景仰地叹道："这位就是江南第一风流才子唐伯虎！"所有人都惊喜不已，开始争购伯虎之扇。

自尊心得到极大满足的唐伯虎还拿上劲儿了："这扇子我谁都不卖，只给他！"

受宠若惊的书生连忙笑着说，我这兜里只有10两银子，买不起买不起！唐伯虎说："别，别，我还只收您5两，多了还不要。"

那富商一看这阵势，肠子都悔青了。拉着唐伯虎又是赔不是又是请酒："算我瞎了眼，您的画那是天下没有的精品，您原谅我有眼无珠。您喝，喝！"把唐伯虎灌了个醉意朦胧。

酒酣之际，富商说："唐大师将扇子卖给我得了，我多出价钱，高他200倍！"

唐伯虎酒醉人不醉，只说了两个字："没门！"富商恼羞成怒："你吃了我的，喝了我的，就白吃白喝啦？"唐伯虎："是你请又不是我要吃，吃了不就白吃？"

此时，人群中又走出一位官员模样的人，劝说唐伯虎："给我点面子，给我点面子！唐先生可知这位是谁？是本地四大家族之一，跟您家老爷子的远房亲戚沾亲呢。"

唐伯虎说："哟！我还真不知道，既然如此，我就为您当场画一张吧。"

笔墨伺候，唐伯虎在他后背上刷刷刷几笔完事，然后拉着那位书生大步离去。众人看画，更加痛笑不已。富商脱衣一看立刻晕倒。

那上面留着唐伯虎的笔墨：王八。

你敬他人三分，他人敬你七分。唐伯虎的故事，给了我们一些启发：人与人之间要互相敬重，弱势的人也有人格，不知道哪天"我敬的人"会报我以更有意义的"回敬"。

总之，尊重别人不代表你的懦弱，蔑视别人也不能表示你的强悍。在人与人之间的交往中，需要理解、信任与尊重。你

对他人的尊重必当换来他人同样甚至更多的“回敬”。

人生本是一出戏，人与人之间原本也是一场游戏，游戏自有游戏的规则，想要和谐相处，闯关成功，那必定要遵循这一场场游戏的规则。如果有人最先破坏了这一规则，那么必将在这场游戏中首先出局。其实尊重别人很容易，尊重了别人，别人也会尊重你，即使那个人是你不喜欢的，那也请你尊重他的语言，把他的话当成“话”来对待，受到帮助不妨谦逊点，说声“谢谢”，做了错事说声“对不起”。尊重他人，其实也是尊重自己，让我们都能拥有这种美德，让幸福之花处处开放吧！

总是虚心请教，万事才能成功

俗话说“金无足赤，人无完人”，无论是谁，都有优点、长处，也都有缺点、短处，我们要想进步，就必须要虚心地向别人学习，做到取人之长补己之短，才会有进步。然而，生活中，有一些人，他们自大自负，在他们的眼里，谁都不如自己，目空一切。也许他们是有很多过人之处，但任何人都不是全才，如果停止了学习的脚步，就会故步自封，止步不前。而只有取人之长补己之短，才能不断完善自己，少走很多人生的弯路。同时，请教他人是低调的表现，更容易使我们赢得他人

的支持。

日本企业家福富先生，17岁时进入一家公司工作，当时与他共事的都是富有经验、资历较深的老员工。福富年纪轻，资历浅，经常受到老板训斥，受到老员工轻视，处境非常不妙。那么，福富怎么做才能与竞争对手一争高下，受到老板重用呢？聪明的福富没有畏惧退缩，他把挨训和慢待当作机遇，总是力求从中学会一点东西，知道一些事情。有了这样的决心，福富在面对老板和老员工时，不再像老鼠见了猫一样惊慌逃走，而是主动上前，躬身行礼并谦虚地招呼说："我难免有做不到的地方，请多指教！"碍于情面，老板和老员工们不再摆架子，而以长者的风度指出他应该注意和改正的地方。福富洗耳恭听，然后立即按照他们的指导改正自己的缺点，以求做得更好。

功夫不负有心人，两年后，老板对他说："通过长期考验，我看你工作勤恳能干，善于向他人学习，从明天起，你就是公司的部门经理了。"福富当时只有19岁，却战胜了公司里许多老员工，成为最年轻的经理，他的成功是因为他敢于虚心向竞争对手学习，创造并把握住了学习的机会。

看完以上这个案例后，我们得出个结论，如果你要想在职场中尽快得到提升，那么就应该勇敢地向竞争对手去学习，变被动为主动，提高学习能力，注重学习细节，以促进自我的提升。

“梅须逊雪三分白，雪却输梅一段香。”一个人要想真有长进，不仅需要谦逊，而且还要有雅量，要放下架子，不耻相师。

然而，在现代社会，一些人特别是具备高学历的人一般都很自负，他们认为自己无所不知，专业知识丰富，平时的工作方式虽然与同事们有差距，那也是自己的工作风格和个人魅力的所在，这样的细节问题不是评定自己的工作能力的标准。真的是这样吗？要知道，你的文凭只代表你过去的文化程度，它的价值往往只体现在你的保底薪金上，而它的有效期最多也就3个月。你如果要想在优秀的企业中站住脚，就必须从小学生做起，积极主动地向旁边的人学习。反之，你就不可能在竞争激烈的职场当中有所成就。

总之，人际交往中，我们一定要放低身份，这一点，在与比自己身份低的人说话时尤为重要。偶尔说一说“我不明白”“我不太清楚”“我没有理解您的意思”“请再说一遍”之类的语言，会使对方觉得你富有人情味，没有架子。相反，趾高气扬，高谈阔论，锋芒毕露，咄咄逼人，容易挫伤别人的自尊心，引起反感，以致他人筑起防范的城墙，从而导致自己处于被动。

我们在求教他人前，还需要非常了解自己的优点和缺点，同时不断地改善自己的缺点，这样成功的机率才会比较大。一个人的知识和本领总是非常有限的，应该谦虚一些，多向别人

学习。不自夸的人会赢得成功，不自负的人会不断进步。我们不缺乏学习，而是缺少发现，这取决于你用什么眼光、从什么角度去看待每个人。“三人行，必有我师”，要善于取人之长，补己之短。不懂、不会，要不耻下问，切忌不懂装懂，掩耳盗铃，自欺欺人。待人接物要礼让谦恭，用谦虚的态度博得他人的认可，在与人交往中不断提升自己的能力。

因此，我们首先就要树立正确的观念，这样才能学得自觉，学得长久。实践告诉我们，善借外智，才能思路开阔；善借外力，才能攀上高峰，一个国家和民族才能兴旺发达。

然而，要想真正取得效果，还需要你做到持之以恒。三天打鱼，两天晒网，见异思迁的学习是不能产生令人满意的效果的。向他人学习，必须从谦逊开始，无论取得多好的成绩，也不能停顿。

另外，放低姿态，不是低声下气、奉承谄媚，说话、做事时放低姿态是一种艺术。尤其是在我们得意之时，与同事说话，要谦和有礼，这样才能维持和谐良好的人际关系。

随着社会的不断发展，人人都在不断向前迈进。我们要想成长、进步，就必须放下“架子”，丢掉“面子”，虚心地向他人请教，见先进就学，见好经验就学，这样才能不断提高，不断进步，实现自己的人生理想与追求。

坦然接受批评，坚决改正缺点

唐太宗李世民说过：“以铜为镜，可以正衣冠；以古为镜，可以知兴替；以人为镜，可以明得失。”贞观之治乃至大唐盛世的出现，可以说是因为太宗听得进去魏征的逆耳忠言。但同时，在历史上，能虚心接受批评的帝王并不多，正因为如此，他们常亲小人远贤臣，最终落得凄惨悲凉的下场。可见，批评是一门艺术，然而接受批评更是一种气魄。人无完人，任何人能力、品质都需要不断的完善，而通常情况下，人们对自己的缺点和不足都没有客观、正确的认识，而如果我们能虚心接纳别人的批评，我们便能不断地完善自己。

郭满的专业是工程估价，毕业后就在一家建筑公司做起了估价员，五年后，他凭借出色的表现很快升为这家公司的工程估价部主任，专门估算各项工程所需的价款。当了小领导后的郭满似乎没有了当年的热情。

有一次，他的一项结算被一个核算员发现估算错了2万元。老板便把他找来，指出他算错的地方，请他拿回去更正，并希望他以后在工作中细心一点。

郭满不肯认错，也不愿接受批评，反而大发雷霆。他责怪那个核算员没有权力复核他的估算，没有权力越级报告。

老板见他既不肯接受批评，又认识不到自己的错误，本想发作一番，但因念他平时工作成绩不错，便和蔼地对他说：

“这次就算了，以后要注意。”老板说这句话的时候，脸色已经变得阴沉了。

过了一段时间以后，郭满又有一个估算项目被查出错误，这次他又像前次那样态度很恶劣，并且还说是那名核算员有意跟他过不去，故意找他的茬儿。等他请别的专家重新核算了一下，才发现自己确实错了。

这时老板已经忍无可忍了：“你还是另谋高就吧，我不能让一个永远都不认错的人来损害公司的利益。”

这则案例中，郭满为什么会被老板炒鱿鱼？原因很简单，任何一个领导，都希望自己的下属能把公司利益放在第一位，当工作中出现失误的时候，能主动承认，为自己的失职负责。而实际上，即使我们真的为公司带来了某些利益的损失，只要我们认错态度良好，一般情况下，领导是不会为难我们的，相反，他们会主动协助我们尽量将失误带来的负面影响降到最低程度。

俗话说：“当局者迷，旁观者清。”我们在生活、工作、学习中，有时会遇到挫折、失败乃至磨难。有些人会怨天尤人，牢骚满腹。但很少有人能找到自己的主观原因。因为当有人指出我们的错误，提出批评的时候，我们会有这样的想法：他怎么老是看我不顺眼；这个人真是讨厌，处处跟我作对。更有甚者，会对其进行攻击甚至报复。这样，我们自身的缺点不仅得不到完善，错误得不到改正，还会理所当然地肯定自己，

最后后悔莫及。

其实，不妨反过来想想，此人对你有意见，毫不留情地指出你的失误和不足的地方，这说明什么问题呢？可能是你真的存在需要改进和完善的地方，你还做得不够好以至于得不到别人的认可和赞赏，你还需要自我检讨和反省。而这些需要改进的地方不是我们随随便便就能意识到的，成功并没有那么简单。

假如领导对你的工作提出了批评，那么，你首先要有一个良好的认错态度，并能认识到自己的过错，并在此基础上，虚心接受他们的“调教”。因为工作中出现了失误，证明我们在处理问题时确实存在某些问题，而领导毕竟是过来人，有着我们所缺乏的很多工作上的经验教训。欣然接受领导的批评，不仅能提高我们的工作能力，还能获得领导的好感。

能听进去别人的批评，然后能从自身找问题，发现了自己的不足之处，积极地虚心接受和改正，并不断地完善自己，这将会是你一生中宝贵的财富。

在我们的成长过程中，有人批评并非坏事，有人这样对你，至少说明你有提升的空间。所以，当别人批评你时，千万不要为此不悦，应该欣然接受，他无偿地告诉了你现在正处于什么样的位置，你应该怎么做才能更好。很多人都不愿意接受别人的批评，或者不敢直面别人的批评。其实，有了这些批评，你的进步会更快，你更能认识自己。对于这样的一个收

获，我们应该向批评我们的人表示感谢！从这个角度出发，你会意识到是折磨你的人让你醒悟，然后你便可以重新认识自我、审视自我。那么，对方也会对你刮目相看，你的人际关系也会更加融洽！

第6章　能屈能伸，做人如水容纳万物

《红楼梦》第五回中有这样一句话："世事洞明皆学问，人情练达即文章。"真正做人的道理是要通过社会历练而来的，明代冯梦龙的《醒世恒言》中说："可惜你满腹文章，看不出人情世故。"的确，身处社会中，我们都免不了要与人打交道。而在中国道家的处事之道中，无为而治被推崇为高明的智慧，这是一种以柔克刚的道行，从容为人的人往往左右逢源，交际中如鱼得水。

找准方法，你离成功只有一步之遥

中华民族历来崇尚智慧，"四两拨千斤"即为一例。"四两拨千斤"是太极拳的核心招式之一，其精髓是"尚巧善变"，这不仅是中国武术的重要技术特色，也是一种灵活变通的思维模式。在当今社会，我们也应该有这种思维，学会四两拨千斤，把握细节，才能克敌制胜，在竞争中脱颖而出。

20世纪40年代，美国流传着一个小针孔造就百万富翁的故事：美国许多制糖公司把方糖运往南美洲时，都会因方糖在海运途中受潮造成巨大损失。这些公司花了很多钱请专家研究，却一直未能解决问题。而一个在轮船上工作的工人却用最简单

的方法解决了这一难题：在方糖包装盒的角落戳个通气孔，这样，方糖就不会在海上运输时受潮了。

这个方法使各制糖公司减少了几千万美元的损失，而且不需要什么成本。这个工人专利意识十分强，他马上为该方法申请了专利保护。后来，他把这个专利卖给各大制糖公司，成了百万富翁。

而上面这个点子又启发了一个日本人，这个日本人想：钻孔的方法可用于其他许多方面，不光是方糖包装盒。他考察了许多东西，最终发现：在打火机的火芯盖上钻个小孔，能够大量延长油的使用时间，他凭着这个专利也发了财。

很多时候，成功仅仅在于一个小小的细节，故事中的两个人就是利用小小的细节，做到了四两拨千斤。注意细节，细心观察，就能“察人之未所察”，就能以小搏大，获得成功。

现今社会，竞争日益激烈，我们要想在竞争中不被人打败，就不能蛮干，而要巧干，就应该有灵活思维的习惯，而这种思维习惯的获得，需要我们长期培养。

那么，什么是“四两拨千斤”呢？它的真正含义：

1. 以柔对刚

避敌之锐，不以硬对硬，在随和中抓住机会，瞬间击倒对方。

2. 借力

双方争斗，就是双方力与力的转换、落实，借敌之力乃与

我之力合，对方之力反加其身，或变其力作用线，或虚其力作用点，或二者合一。这便是“机由己发，力从人借”。

“四两”之所以能够“拨千斤”，最主要的就是找准“用力点”，而且这是最有影响的点。找准这个点后，再发力时，就能起到“拨千斤”的效果。

一天，转了半天的推销员坐在公园的长椅上一边啃着干面包，一边读着报纸。突然，他眼前一亮。原来报纸上报道了总统的小花园的消息，他灵机一动，“腾”地站了起来。他回到家后，就立即写了这样一封信：

“亲爱的总统先生：

“您的公园真是不错，但是草都已经长高了。我知道您工作实在太忙了，没时间打理，而您的妻子需要照顾孩子。我想，作为一个普通公民有义务代表所有公民为你做件事：一台除草机可以帮您减轻您和您妻子的负担……”

结果，总统看了这封信后，被他的话感动，于是就买下了一台。

这件事引起了强烈的震动，人们都知道了总统用的什么牌子的除草机。于是，这款牌子的机器一时间供不应求。结果可想而知，他收获了成功。

例子中，这位推销员的聪明之处就是，他让总统购买了自己的机器，从有影响力的人物开始打开销路，这就是四两拨千斤的作用。

要知道，世上没有做不成的事，只有做不成事的人。一个真正想成就一番事业的人，除了具有满腔热血外，还要拥有聪明的头脑和过人的智慧，不意气用事，而是用理智的头脑分析局势，适时地转换观念，另谋出路。

同样，这个道理不仅适用于做事，也适用于做人。在错综复杂的社会中，从容一点，以柔克刚，这是为人处世的一种策略，也是一门学问。

人生在世，难得糊涂

在中国儒家的处事之道中，“大智若愚”被推崇为大智慧。在当今社会，会装傻的人往往左右逢源，处处如鱼得水。装傻是一种最高境界的交际哲学，装傻并非真傻，而是大智若愚。锋芒太露易遭嫉恨，更容易树敌，功高震主不知给多少下属臣子招致杀身之祸。假痴者可以迷惑对方，掩盖自己的真实才能，做个会装傻的明白人，才是上乘的交际之策。

所谓“花要半开，酒要半醉”，在我们交际应酬时，即使你正处于人生的志得意满之时，也不可趾高气扬，目空一切。无论你有怎样出众的才智，也不要太过于自以为是，学会韬光养晦，赢得更融洽的人际关系。

与人交往的过程中，我们要懂得适时“装傻”的技巧，

不暴露自己的高明，更不能纠正对方的错误。装傻可以为人遮羞，自找台阶；可以故作不知达成幽默，让别人放下心中的警惕和芥蒂，成功地攻破人心。

苏联卫国战争初期，德军长驱直入。在此生死存亡之际，曾在国内战争时期驰骋疆场的老将们，如铁木辛哥、伏罗希洛夫、布琼尼等，首先挑起前敌指挥的重担。但面对新的形势，他们渐感力不从心。时势造英雄，一批青年军事家，如朱可夫、西列夫斯基、什捷缅科等，相继脱颖而出。这中间，老将们思想上不是没有波动的。

1964年2月，苏联元帅铁木辛哥受命去波罗的海，协调一二方面军的行动，什捷缅科作为他的参谋长同行。什捷缅科早知道这位元帅对总参部的人抱怀疑态度，思想上有个疙瘩，心想："命令终归是命令，只能服从了。"等上了火车，吃晚饭时，一场不愉快的谈话开始了，铁木辛哥先发出一通连珠炮："为什么派你跟我一起去？是想来教育我们这些老头子，监督我们的吧？白费劲！你们还在桌子底下跑的时候，我们已经率领着成师的部队在打仗，为了给你们建立苏维埃政权而奋斗。你军事学院毕业了，自以为了不起了！革命开始的时候，你才几岁？"这通训斥，已经近乎侮辱了。但什捷缅科却老实地回答："那时候，刚满十岁。"接着又平静地表示对元帅非常尊重，准备向他学习。铁木辛哥最后说："算了，外交家，睡觉吧。时间会证明谁是什么样的人。"

他们共同工作了一个月后，在一次晚间喝茶的时候，铁木辛哥突然说："现在我明白了，你并不是我原来认为的那种人。我曾想，你是斯大林专门派来监督我的……"后来什捷缅科被召回时，心里很舍不得和铁木辛哥分离。又过了一个月，铁木辛哥亲自向大本营提出要求，调这个晚辈来共事。

长江后浪推前浪，这是理所当然的事，但作为老将的铁木辛哥心中自然不好受，这也是可以理解的事。面对铁木辛哥的发难，什捷缅科在受辱之时装憨相，过了铁元帅关，体现了后生的谦卑及对老人的尊重，是大智若愚的表现。懂得装假者绝非傻子，憨厚有时是最高智慧者才能为之。许多时候，要想受到别人的敬重，就必须掩藏你的聪明。

当然，除了大智若愚以外，我们还可以睁一只眼闭一只眼，揣着明白装糊涂，这是一种大智慧。在交际活动中，语言的功效固然不容置疑，但是很多时候单凭言语难以说服对方，采用交际情境表义，睁一只眼闭一只眼，采用一些"虚张声势"的小计谋，常可以产生言语不能达到的效应，这是聪明人的装傻哲学。

看《三国演义》，我们不难发现，刘备死后，诸葛亮好像没有大的作为了，这是诸葛亮韬光养晦之道。

刘备死后，诸葛亮不像刘备在世时那样锋芒毕露。在刘备这样的明君手下，诸葛亮是不用担心受猜忌的，因此他可以尽力发挥自己的才华，辅助刘备。刘备死后，阿斗继位。刘备当

着群臣的面说：“如果这小子可以辅助，就好好扶助他；如果他不是当君主的材料，你就自立为君算了。”诸葛亮顿时冒了虚汗，手足无措，哭着跪拜于地说：“臣怎么能不竭尽全力，尽忠贞之节，一直到死而不松懈呢？”说完，叩头流血。刘备再仁义，也不至于把国家让给诸葛亮，他说让诸葛亮为君，怎么知道没有杀他的心思呢？因此，诸葛亮一方面行事谨慎，鞠躬尽瘁，另一方面则常年征战在外，以防授人把柄。而且他锋芒大有收敛，故意显示自己老而无用，以免祸及自身。

收敛锋芒是诸葛亮的大智慧，不然就有功高盖主之嫌，还会遭人猜忌，这也是一种明智的装傻哲学。交际应酬中，你不露锋芒，可能得不到他人的关注和重视；但你锋芒太露却易招人嫉妒。虽容易取得暂时成功，在众人面前露了脸，却为自己掘好了坟墓。当你过分施展自己的才华时，也就埋下了危机的种子，很容易被人当成“活靶子”。

所以，当今社会，交际应酬中，我们显露才华要适可而止，适当的时候装装傻。当然，装傻也是需要很好的演技的，否则，如果没有掌握得恰到好处，反而会弄巧成拙，这就考验到我们见机行事的能力！聪明的人会故意装傻，交际中给自己留有余地，运筹帷幄周围的人和事！

可见，会装傻的人才是真聪明。我们在与人交往的过程中，切忌锋芒毕露，要学会圆融处事，要学会半开半合，微醉微醒，做个会装傻的明白人！

做事圆融，学会为他人着想

生活中，我们经常会遇到与他人意见不同甚至立场完全不同的情况，面对这种情况，有些人还没有弄懂人家的真实想法，就这也批评那也指责，甚至进行人身攻击式的全面否定。这些人很明显是被排除在“人际关系良好者”之列的，甚至招人厌恶，因为人人都有渴望被肯定，憎恶被否定的心理。我们来看下面一例：

小张在一家软件公司工作，从进公司的时候，就一直在销售部工作。在一次销售大会上，同事小李谈了一些自己对当前软件销售前景的看法，并提了一些具体的建议，而这些建议与小张一向采取的销售策略和主张都是截然不同的，小张自然很生气。心直口快的小张丝毫不隐瞒自己的观点，在会上慷慨激昂地进行反驳，以他从市场调查得来的第一手资料，说得小李面红耳赤，哑口无言。

事后，小李一直怀恨在心，慢慢地，他把小张当成了敌人，奇怪的是，小李也真神通广大。后来领导一纸调令，小张被“流放”到仓库去当管理员了。

这次会上，小张为逞口舌之快，实话实说，否定了小李的观点，让小李丢了颜面，导致小李经常在领导面前说他心高气傲，目中无人，小张被流放也就不足为奇了。

生活中，因为说话不给人留情面，总喜欢否定别人而给自

己造成窘境的例子，随处可见。其实，细心观察你会发觉也许错误在你这一边，你的观点不一定都与事实相符。而即使你的观点是正确的，又如何？因为与他人针锋相对会让你失去一个朋友，多一个敌人，岂不得不偿失？这大概就是人们说的“与生活讲和”。在人际交往中，让步是一种常用的处理问题的方式。让步不是懦弱的表现，而是一种修养。让步其实只是暂时的退却，为进一尺有时就必须先做出退一寸的忍让，为避免吃大亏，就不应计较吃点小亏。况且有时听取了别人的意见，反而会使自己受益无穷。

当然，有时候，我们也会遇到他人故意针对我们的情况，但无论如何，圆润通达绝对胜过针锋相对。

从那先比丘事迹中，我们可以知道他是一个绝顶聪明的人。

一次，弥兰陀王故意要为难那先比丘，就诘责他说：“你跟佛陀不是同一个时代，也没有见过释迦牟尼佛，怎么知道有没有佛陀这个人？”

聪明的那先比丘就反问他说：“大王，您的王位是谁传给您的呢？”

“我父亲传给我的啊！”

“父亲的王位是谁传给他的？”

“祖父。”

“祖父的王位又是谁的？”

“曾祖父啊！”

那先比丘继续问：“这样一代一代往上追溯，您相不相信您的国家有一个开国君主呢？”

弥兰陀王回答：“我当然相信！”

“您见过他吗？”

……

这里，那先比丘面对弥兰陀王的为难，他并没有生气，也没有立即反驳，而是采用类比法，让对方的观点不攻自破。

那么，与人交往的过程中，遇到与他人意见相左的时候，我们该如何避免针锋相对呢？

第一，理解别人，体贴别人。

盲目地否定别人的意见，许多时候只是因为对别人的排斥。如果能够做到理解别人、体贴别人，那么就能少一份盲目。为此，我们要善于发现别人的见解的独到性，只有这样，才能多角度地看问题。因此，无论何时都要注意，别听到不同的观点就怒不可遏。

第二，大动肝火前要先考虑后果。

我们每每做出一种论断的时候，尤其是针对别人的时候，我们最好想想，自己将要给人家的这种论断有助于解决问题吗？是火上浇油，还是雪上加霜呢？我们能否不去批评别人，转而多提些建设性的意见呢？

第三，多肯定别人。

行为科学中有一个著名的“保龄球效应”：两名保龄球教练分别训练各自的队员，他们的队员都是一球打倒了7只瓶。教练甲对自己的队员说：“很好！打倒了7只。”他的队员听了教练的赞扬很受鼓舞，心想，下次一定再加把劲，把剩下的3只也打倒。

教练乙则对他的队员说：“怎么搞的？还有3只没打倒。”队员听了教练的指责，心里很不服气，暗想：“你咋就看不见我已经打倒的那7只。”

结果，教练甲训练的队员成绩不断上升，教练乙训练的队员打得一次不如一次。

这一效应告诉我们，在相同的现状下，转换一个角度说话，就会对他人产生不同影响。每个人都希望得到他人的肯定和赞赏，这也是每一个人的正常心理需要。而面对指责时，不自觉地为自己辩护，也是正常的心理防卫机制。

第四，说话不可太绝，要留有余地。

说话不留余地，就会把人逼上绝路。因为凡事总有意外，留有余地，就是为了容纳这些意外，以免自己将来下不了台。

当然，不否定他人并不是毫无原则的，一味地逢迎，反倒会引起别人的反感。因此，我们要把握好说话的分寸，管住自己的舌头，知道什么该说，什么不该说，该说的时候说得恰到好处，你的话才不会惹恼他人，你才会有更加良好的人际关系！

再有本事的人也要学会示弱

我们都知道，同情弱者是人的天性，再铁石心肠的人，内心也有颗同情的种子。现代社会，无处不存在人与人之间利益的交涉。在利益面前，我们同样应该抓住人们的这一共性心理，在言语上适当示弱，在对方放松警惕时，再提出我们的要求，完成交涉目的也就容易得多。

汽车巨头亨利·福特公司的业务很忙，他们的桌子上总是堆满了各种催账单。福特每次都是大概看一眼后，就把账单扔在桌子上，对经理说："你们看着办吧，我也不知道该先付谁的好！"

但是有一次，他从一大堆的催账单中抽出一张对财务经理说："马上付给他！"

这是一张传真来的账单，除了列明货物标的、价格、金额外，在大面积空白处还画着一个头像，头像正在滴着眼泪。

"看看，人家都流泪了，"福特说，"以最快的方式付给他吧！"

谁都明白，这个催帐人并非真的在流泪，他之所以急着催帐，可能另有苦衷或急需资金，他的几滴眼泪迅速引起对方重视，以最快的速度要回了大笔货款。看来，这眼泪的威力实在不可小看啊！

当然，现代社会，与人交涉并不是说凡事都要摆出一副可

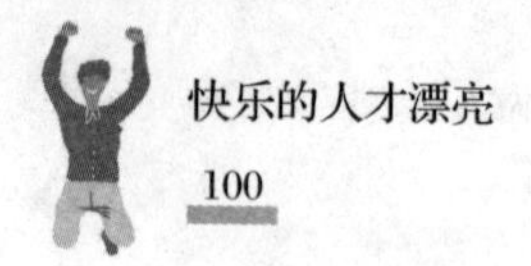

怜兮兮的样子，掉几滴泪。而是说，我们应该调动听者的同情心，使对方首先从感情上与你靠近，产生共鸣。这就为你问题的解决与事情的办成打下了基础。人心都是肉长的，只要我们能适度示弱，对方是会动心的。

有位教师，教学科研成绩突出，各项条件具备，但职称总评不上，原因是他与校领导关系不好。这位教师上告到上级主管领导处，竭尽所能引起领导对自己处境的同情，但上级领导听后反而推辞说："评不上是你学校的问题，学校不上报，我又有什么办法？"这位教师早有心理准备，立刻说："如果学校能解决，我就不会来麻烦您了。我是逐级按程序反映。您是上级领导，而且又主管这方面的工作，下面在这方面出了问题，您是有权过问的。如果您不及时处理，出现更大麻烦，那就晚了。我想，只要您肯过问，您的意见学校会听的。"这番话很奏效，这位领导很快改变了态度，事情最终得以解决。

这位教师求上级办事之所以成功，是有其一定的技巧的。他的一番话的言外之意是："处理此事是您的责任，如果您不过问就是失职，那么，我还会向更高的上级领导反映，那时，您可就被动了。"虽然是示弱，但却显得不卑不亢，让对方不得不处理此事。

可见，我们所说的示弱并不是真的在示弱，也并不是非得以眼泪才能博得对方的同情，只不过是一种说话的技巧，以达到你的目的。在生活中，我们常常会听老人们这样说："软刀

子更扎人！”也就是说，无论是求人办事还是谈判，我们都要学会硬话软说，同时，我们的态度要不卑不亢。

那么，我们该怎样用语言示弱，从而操控对方的同情心呢?

第一，扬人之长，揭己所短。

这一心理策略的目的是使交易重心不偏不倚，或使对方获得一种心理上的满足，从而达到目的。

有个人非常善于做皮鞋的生意，在相同的时间里别人卖一双，他就可以卖几双。一次谈话中别人问他做生意有何诀窍，他笑了笑说：“要善于示弱。”

接下去他举例说：“有些顾客到你这里来买鞋子，总是东挑西拣到处找毛病，把你的皮鞋说得一无是处。顾客总是头头是道地告诉你哪种皮鞋最好，价格又适中，式样与做工又如何精致，好像他们是这方面的专家。这时，你若与之争论毫无用处，他们这样评论只不过想以较低的价格把皮鞋买到手。这时，你要学会示弱，比如，你可以恭维对方确实眼光独特，很会选鞋挑鞋，自己的皮鞋确实有不足之处，如式样并不新潮，不过较稳罢了，鞋底不是牛筋底，不能踩出笃笃的响声，不过，柔软一些也有柔软的好处。你在表示不足的同时也借此机会从侧面赞扬一番这鞋子的优点，也许这正是他们瞧中的地方，可以使他们动心。顾客花这么大心思不正是表明了他们其实是很喜欢这种鞋子吗！善于示弱，满足了对方的挑剔心理，

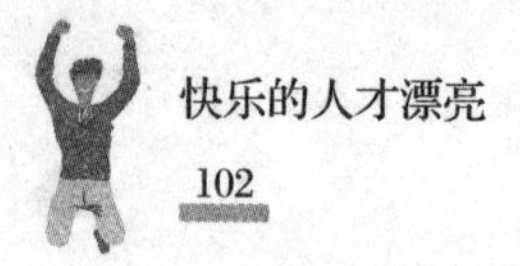

一笔生意很快就能成功。”这就是他卖鞋的妙招。

这里，这位商人之所以能生意兴隆，主要就是他抓住客户爱挑剔的心理，懂得示弱。客户挑剔鞋子，实际上是满意鞋子存在的某些优点，如果我们面对客户的挑剔采取反驳的态度，可能就失去了一个客户。

第二，说话要有耐心。

人们经常因为没有花时间系统地质疑自己的先入之见，而身陷糟糕的境地中。心理学家把这种急切的心态称为“确认陷阱”——他们没有去寻找支持自己想法的证据，同时又忽视了那些能证明相反意见的证据。

而从对方的角度看，我们说话越是有耐心，他们越是能看出我们的素质和修养，也自然更愿意与我们合作。

总之，在争取合作的交涉中，我们若想让谈判结果朝着我们希望的方向发展，就需要学会用“情”说话，让对方心服口服，比用尽心机让对方屈服的效果要好得多。

含蓄表达，拒绝他人有讲究

“助人为快乐之本”是人人都知道的一句格言。生活中难免会遇到这样的情况，亲人、朋友、老乡、同事甚至是陌生人，有时会向你要求一些事情，而这些要求有的根本就不合

理，有的超过了你的能力范围，总而言之，你的内心是不情愿的。但是，却担心别人会因此而不高兴，甚至会影响到日后双方的交往，那么，你就要尽量从对方能承受的心理范围内出发，巧妙加以拒绝。

总之，否定和拒绝有一条原则，就是在不误解意思的情况下，尽量少用生硬的否定词，把话说得委婉一点，从而不令他人难堪。在非原则性问题上，又能够使对方听出弦外之音，彼此和和气气。因此，在拒绝他人时，这是一种很好的方法，不仅能达到拒绝别人的目的，而且还不伤和气。

曾有个野心勃勃的军官一而再，再而三地请求首相狄斯累利加封他为男爵。狄斯累利知道这个人才能超群，也很想跟他搞好关系。但军官不够加封条件，狄斯累利无法满足他的要求。有一天，狄斯累利把这位军官单独请到办公室里，对这位军官说："亲爱的朋友，很抱歉我不能给你男爵的封号，但我可以给你一样更好的东西。"

随后，狄斯累利放低声音地说："我会告诉所有人，我曾多次请你接受男爵的封号，但都被你拒绝了。"

这位军官按照狄斯累利的建议做了，这个消息一传出，很多人都称赞这位军官谦虚无私、淡泊名利，对他的礼遇和尊敬远远超过任何一位男爵。军官得到了良好的评价，因此，他对狄斯累利由衷地感激。后来，这位军官就成为狄斯雷利首相最忠实的伙伴和军事后盾。

这里，狄斯累利拒绝军官的方式是巧妙的，既不让对方感到难堪，还让对方成为自己重要的支持者，真可谓一举两得。

我们都希望能帮助他人，但当别人前来要求协助时，难免会遇到自己力不从心的时候。想做个有求必应的好好先生并不容易，人们的要求永无止境，往往是合理的、悖理的并存。如果当面你不好意思说“不”，轻易承诺了自己无法履行的职责，将会带给自己更大的困扰和沟通上的难度。不敢对他人说出“不”字，也是有一定的心理原因的——当我们遇到他人对自己提出的要求时，会感觉为难，拒绝又担心对方认为自己不够意思，接受又感觉难兑现。此矛盾的深层次问题存在于自己往往未能形成一个系统的处事原则，即何事我必须要做，何事我可以选择去做。必须要做的事，一定要尽力为之；而面对无能为力的事情时，就必须要采取拒绝的方式了。

的确，拒绝就意味着将对方拒之门外，拒绝了对方的一片“好意”，有时会让对方很难堪。而如果我们能根据不同的场合和对象进行考虑，委婉地拒绝，或以情动人地说出理由，或先赞美对方再否定，或为对方寻求更好的解决方法，即使是拒绝，对方也会感觉到你的情义。

的确，人们拒绝他人的方式是多种多样的，或是力不能及或是爱莫能助等，如果你不想因为拒绝而搞坏你与对方的关系，那么，你就不妨在你拒绝的语言中加入点情感的因素，那要注意做到以下几点：

第一，口气要平缓。虽是给于对方拒绝，但交流时的口气要尽量平缓些，不要太强硬，当然，面对那些公认的无理要求，则另当别论。

第二，设法向对方传递你虽帮不了他但你还是为他遇到的问题感觉着急，并在内心里希望他能解决这个问题这样一种信息；而非“事不关己”之意甚至是“隔岸观火”之态。

第三，作好解释。用真诚的陈述告诉对方，自己因哪些因素而不能帮他。是帮不了或不便帮，而非不愿帮。

第四，如果还有可能，再加上这一点。那就是给出你的建议或解决办法。

总之，对于一些你自己帮不了但你又确实给出通过其他途径能达成问题解决这一目标的时候，你要站在对方的角度，围绕问题本身，帮他找办法，并给出你的建议，供他参考。只要你的建议质量够高，对方在没能得到你的亲自帮助的前提下，同样会对你心生感激之情的，至少不会怀疑你对他的诚意。

下篇

淡定一些，你看到的风景更美

第7章　安之若素，把得失置之度外

《幽窗小记》里面有这样一幅对联：“宠辱不惊，闲看庭前花开花落；去留无意，漫随天外云卷云舒。”寥寥数语，却深刻道出了人生对事对物、对名对利应有的态度：得之不喜，失之不忧，宠辱不惊，去留无意。现代社会中的我们，也应该拥有这样一份饱经世事的心态，才可能心境平和、淡泊自然。只有做到了宠辱不惊，方能心态平和，恬然自得；只有做到了去留无意方能达观进取，笑看人生！

沉下心学习，定下心做事

生活中，我们常希望自己和他人“万事如意”，但这也只是我们美好的愿望，事实上，世事多变，雨雪风霜，人生中有许许多多我们始料不及的事情。如果我们希望成就一番事业，就必须做到内心淡定，始终朝着目标前进。很多成功者在经历种种坎坷后，回望身后的辛酸血泪之路，都会发现，内心淡定的人才是最后的赢家。

从前，有一个养蚌人，他想培育一颗世界上最大最美的珍珠。

这天，他来到大海边挑选沙粒。他问遇到的沙粒，它们愿

不愿意经过磨练变成珍珠。这些沙粒一听，变成珍珠要经受很多痛苦，没有阳光雨露，没有空气，远离海洋，就都摇头。

养蚌人一次次被拒绝，他都快绝望了。可就在这时，有一粒沙子答应了。因为，它一直想成为一颗珍珠。旁边的沙粒都嘲笑它，说它太傻。但这颗沙粒还是坚持和养蚌人走了。

一转眼，几年过去了，那粒沙子已经长成了一颗晶莹剔透、价值连城的珍珠，而曾经嘲笑它的那些伙伴们，有的依然是海滩上平凡的沙粒，有的已化为尘埃。

事实上，我们成长成才的过程又何尝不像这颗珍珠呢？你忍耐着，坚持着，当走完黑暗与苦难的隧道之后，就会惊讶地发现，平凡如沙子的你，不知不觉中已长成了一颗珍珠。

宠辱不惊的人在面对生活的得意和失意之时都会有一种淡然的心态，会懂得如何对待与处理问题。

首先，他会明确自己的生存价值，能够以这样的格言来勉励自己："由来功名输勋烈，心中无私天地宽。"一个人若心中无过多的私欲，又怎会患得患失呢？

其次，他会认清自己所走的路，不过分在意得失，不过分看重成败，不过分在乎别人对自己的看法。他会坚信：只要自己努力过，只要自己奋斗过，做了自己喜欢做的事，还有什么心里放不下的呢？诚然，有时候，我们会遭遇一些命运的挫折，但除了认清事实、勇敢接受外，我们还必须努力改变现状，争取走出困境，争取美好的生活。当然这个过程，必定是

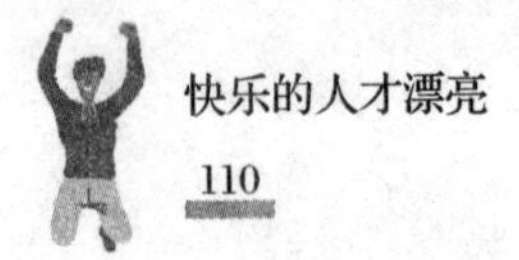

个经受痛苦的过程，因此，保持一份平常心就尤为重要，否则，就会永远在痛苦中打转，找不到解脱的光明之路。

人的一生，会遇到成功，也会遇到失败，有一帆风顺的惬意，也有遭受挫折的沮丧，有不期而至的欣喜，也有排遣不去的惆怅。曲曲折折，是是非非，如何面对，关键是心态问题。适时调整好自己的心态，真正做到去留无意，也不是一句话的事。

首先，我们需要拥有一颗感恩的心，善于发现事物的美好，感受平凡中的美丽，以坦荡的心境，豁达的胸怀来应对生活中的每一份酸甜苦辣，让原本平淡乏味的生活焕发出迷人的色彩，那时你会发现，磨难与逆境也不过是飘来的“浮云”。其实，挫折也是人生的一笔财富。没有挫折的人生，从某种意义上来说是黯然失色的。说“挫折是人生的财富”，最主要的一点是挫折会让我们变得聪明，变得坚强，变得成熟，变得完美。当然，这需要我们经得住挫折。

其次，我们需要拥有一份平常心。人生不可能总是大红大紫，不可能总是处于巅峰状态，也有可能处于低谷，也可能遭遇不顺，这就是人生。但总的来说，人生是平淡的，对待平淡的人生，我们也应该让自己的心静下来。懂得了这个道理，得意时你才不会猖狂，失意时你才不会绝望，孤独时你才不会心情惆怅。

总之，如果你能在荣辱面前泰然处之，在思想修养和意志磨练上下功夫，勤勤恳恳工作、实实在在做人，便能做到

“荣辱不惊，闲看庭前花开花落；去留无意，漫随天外云卷云舒”。漫漫人生，必将少去许多烦恼，增添几多欢乐。

真正智慧的人，不会张扬

中国有句俗语：“低调做人，高调做事。”这其中的“低调做人”就是一种心态淡然的体现。

美国曾有位总统，为了庆祝自己连任，他曾向全国开放白宫。这天，他接见了前来参观白宫的一百多位小朋友。

一位叫约翰的小朋友问：“你小时候哪一门功课最糟糕，是不是也挨过老师的批评？”

“我的品德课不怎么好，因为我特别爱讲话，常常干扰别人学习。老师当然要经常批评的。”总统告诉他说。

总统的回答使现场气氛非常活跃。

约翰问完后，一个叫玛丽的小女孩说：“我每天都不愿意去上学，因为我怕在路上遇到坏人。”

此时，总统收起笑容，严肃地说：“我知道现在小朋友过的日子不是特别如意，因为有关毒品、枪支和绑架的问题，政府处理得不理想，我希望你好好学习，将来有机会参与到国家的正义事业之中。只有我们联合起来和坏人作斗争，我们的生活才会更美好。”

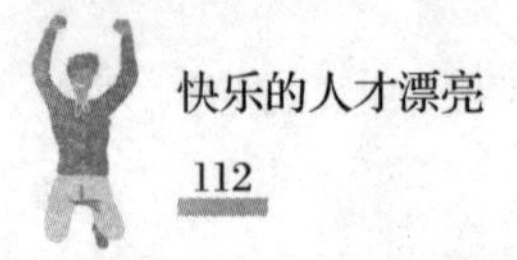

总统告诉小朋友们，自己的过去和他们一样，也常被老师批评，但只要经过自己的努力，也会成长为有用的人。总统在认同小朋友对社会治安的担心时，还鼓励小朋友参与正义事业，因为那样正义者的力量会更大。

总统放低姿态的谈话方式使小朋友们发现，总统和他们之间没有任何距离，也像他们一样是普通人，是可亲近的、可以信赖的“大朋友”，从而紧紧抓住了小朋友的心。即使场外的大人们看到这样的对话场面，也会感到总统是一个亲切的人。

相反，我们的周围，总是有一些人，他们确有实才，但却不懂得为人处世之道，让人觉得狂妄自大，因此别人很难接受他的任何观点和建议。他们多半都想表现自己，显示自己的优越感，但却常常适得其反。妄自尊大，高看自己，小看别人的人总会引起别人的反感，最终在交往中使自己走到孤立无援的地步，失掉了在朋友中的威信；而那些谦让而豁达的人总能赢得更多的朋友。

从前，有个很出名的画家。

这天，他闲来无事，和弟子一起去画廊看画。看到有客人来，画廊一位漂亮的小姐出来接待。他们一路看，小姐都紧随其后，为其介绍。

这时，画家在一幅画面前停了下来，他开始细细地读画上题的诗句。但这幅画上的诗句是用草书写的，画家读到一处，便停下了，皱着眉琢磨一个认不出的字。就在这时，那个画廊

的漂亮小姐开口了："您看不出来啊！是'意思'的'意'嘛！"只见画家脸色一沉，说道："这里有你多嘴的份儿吗？"跟着一转身，怒气冲冲地走出了画廊。

画廊小姐的错误之处在于急于表现自己，让画家没面子，因为爱出头而遭人嫉恨。

在这个错综复杂、五彩缤纷的世界中，不同的人有不同的命运，有的人一生乐观豁达、与世无争，他们谦虚好学，平步青云，一路欢乐，让人赞扬和钦佩；有的人则骄傲自满、处处受阻，最终导致郁郁寡欢，碌碌无为，抱恨终生，遭人非议、鄙视、唾弃。很明显，我们都愿意做前者。其实，这两种人生境遇的差异，究其原因，是因为做人"调"的不同，低调做人是一种生存的大智，是一种韧性的技巧，是做人的一种美德。

真正有趣的人，是懂得热爱生活的人

有人说，生命就像一次旅行。在这段旅行中，我们会遇到艰难险阻，会遇到暴风骤雨，会遇到阳光灿烂，会邂逅美丽风景，会遭遇荆棘丛生，但无论如何，只要我们和自己的心灵有约，就会以全身心拥抱生命，即使饱经风霜，我们依然对生命充满热情，感悟生命中的点点滴滴；更要感受到生命之旅中，那些沉重的雨点扑向大地时所带来的震撼和激情。的确，夕阳

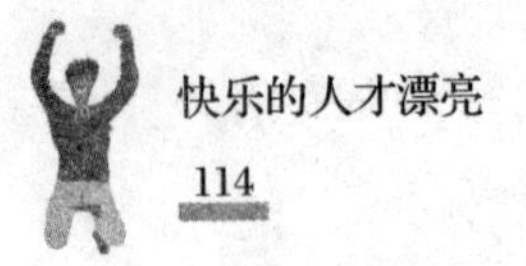

落下了还有明天；鲜花落下了还有果实；青春落下了还有阅历。只要你会驾驶，帆落了还有桨；只要心中充满希望，月亮落下了，还会升起太阳。

对生活充满热情，我们的旅途就会时时处处充满着绿意和生机，我们的生命就会无与伦比的美丽。

有这样一个年轻人，他认为自己已经看破红尘，于是，他什么都不干，每天只是懒洋洋地躺在树底下。

有一个智者见到此景，想开导他，于是就问他："年轻人，你年纪轻轻轻的，怎么不去工作、赚钱？"

年轻人说："没意思，赚了钱还是要花掉。"

智者又问："你怎么不结婚？"

年轻人说："没意思，现在多少离婚的！"

智者说："你怎么不交一些朋友？"

年轻人说："没意思，交了朋友弄不好会反目成仇。"

智者给年轻人一根绳子说："那这样吧，你干脆用它了结生命吧，反正也得死，还不如现在死了算了。"

年轻人说："我不想死。"

智者于是说："生命是一个过程，不是一个结果。"年轻人幡然醒悟。

这就叫"一句话点醒梦中人"。一个年纪轻轻的人，却变得老态龙钟，什么都不愿尝试，对生活失去热情，这样的生命还有什么意义呢？安诺德曾说："世界上最糟糕的事，莫过于

人类丧失了他的热情。只要仍保有热情，即使失去了一切，他仍旧能够东山再起。”热情的原义是“身在其中”，我们原本都拥有它，而我们应该做的，便是使它重燃再现。

生命是一个过程，不是一个结果，如果你不会享受过程，结果也没有任何意义。生命是一个括号，左边括号是出生，右边括号是死亡，我们要做的事情就是填括号，要争取用精彩的生活、良好的心情把括号填满。

怎么享受生命这个过程呢？把注意力放在积极的事情上。生命如同一场旅行，记忆如同摄像，态度决定选择，选择决定内容。

因此，每天清晨，当我们起床后，都应该给予自己积极的心理暗示。有时候，如果你在内心告诉自己“我是健康的、积极的”，那么，你就会健康、积极起来。假装热情，你也就会变得热情起来。然后照照镜子，给自己一个微笑，永远用你漂亮的面容，温暖而热情地对待你的家人。别忘了，是你主宰了你的家庭生活，你可以让每一天都光辉灿烂，也可以让每一天都阴暗忧郁。

曾经有一位演说家，很会鼓舞人心。

一次，他到一家大型公司为员工们演讲，但就在他即将飞往这家公司时，班机却出现了一些故障，不得不停飞，于是，他辗转其他航线，终于抵达目的地。为此，主持人不得不打乱演讲人的顺序。但主持人极为不明白的是，这位演说家却在后

台不断地跳上跳下，还一直捶打自己的胸膛。当主持人介绍完这位演说家后，演说家跑上台，作了一次非常精彩的演讲。午饭时间，主持人与演说家一起用餐，他说：“你知道吗？你简直快把我吓坏了，你出场前在后台究竟在做什么呀？”他回答说：“激励他人是我的工作，而且，我每天都在做。但在某些日子里，我实在打不起劲儿来，就像今天。我在后台只是‘做出’热情的样子，然后我就会变得热情有劲了。”

从这个例子中，我们可以学到很重要的一点：每天都充满热情，不但自己受益，还能感染他人，从而使他们和我们一样，享受积极而快乐的生活。

总之，无论我们经历过什么，从今天起，都要做个简单的人，踏实务实，不沉溺幻想，不庸人自扰。积攒热情的力量，要快乐，要开朗，要坚韧，要温暖，永远对生活充满希望，对于困境与磨难，微笑面对。

活着就是坦荡做人，踏实做事

中国人自古把人分成二类：一君子，一小人。二者泾渭分明，难以混同。君子与小人有很多的划分标准，但在人们眼中，是否正直、坦荡则是最重要的标准之一。当一个正直坦荡，让人尊敬有加的君子，是做人的最高境界。的确，做人要

正直、做事要正派，堂堂正正，才是立身之本、处世之基。身正不怕影斜，脚正不怕鞋歪，身正心安魂梦稳。品行端正，做人才有底气，做事才会硬气，心底无私天地宽，表里如一襟怀广。心术不正，口是心非，用心计，耍手腕，当面一套，背后一套，台上说君子言，台下行小人事，必惨淡收场。所以，做人一定要走得直，行得正，坐得端，一定要问问自己是否正直、公道。

在人类几千年的文明历史进程中，我们的先哲们在谈到正直为人时积累了许许多多的至理名言，给我们树立了做人的典范。孔子讲："君子坦荡荡，小人常戚戚。"莎士比亚说："世上没有比正直更丰富的遗产。"普柏说："正直的人是神创造的最高尚的作品。"我国唐代的魏征以正直谏言而被君王称为自己的一面镜子。开国元帅彭德怀不畏名利、顶着危险敢上万言书；共产党员张志新报定信念宁死不屈；科学家李四光不服定论，硬是在北纬四十度以上找到大庆油田，为新中国建设立下赫赫功勋。因此，做一个正直的人不仅是个人发展的需要，更是社会进步的呼唤。

在正直的人心中，似乎有一种内在的平静，使他们能够经受住挫折甚至是不公平的待遇。

亚伯拉罕·林肯曾参加1858年参议院竞选活动，他坚持要发表一次演讲，但这次演讲却对他的竞选有负面作用，为此，他的朋友劝他不要发表。对此，林肯的态度是："如果命里注

定我会因为这次讲话而落选的话，那么就让我伴随着真理落选吧！”他是坦然的。他确实落了选，但是两年之后，他就任了美国的总统。

这就是正直的力量，它能给人带来心怀的坦荡，赢得他人的信任和尊重。

那么，什么是正直呢？所谓“正”就是正确、公正、正气，就是不偏不斜、不虚伪、不轻狂，就是光明磊落，从汉字“正”上下左右笔画的工整写法，我们可以看出祖先对正的理解和判断。所谓“直”就是豁达、坦率、真实，就是直来直去、不弯不绕，不随波逐流。正直在汉语里是重叠词，表达同一个意思，但从人品的生成和实践来看，二者是有逻辑关系的。先有“正”才能“直”，只有正才不怕邪；没有正确、公正的“直”，只能叫作鲁莽、傻直。

我们生活的周围，有这样一些人，他们饱经世事，但他们并没有因此变得圆滑、世俗，而是依旧秉持着正直坦荡的做人原则。

当然，生活中的诱惑太多，我们要做到正直、坦荡，就必须要做到：

第一，高标准地要求自己。

许多年前，一位作家因为投资失误，损失了一大笔财产而陷入了经济困难中，为此，他决定用以后赚取的每一分钱来还债。三年以后，他已经小有名气，当地的一些媒体采取以募捐

的方式来帮助他结束这种折磨人的生活，但他拒绝了。他把这些钱退还给了捐助人。后来，他的一本轰动一时的新书问世，他偿付了所有剩余的债务。这位作家就是马克·吐温。

第二，有高度的名誉感。

伟大的弗兰克·劳埃德·赖特曾在美国建筑学院发表演说时说："什么是人的名誉呢？那就是要做一个正直的人。"弗兰克·劳埃特·赖特正如他所说，他不愧为一个忠实于自己做人标准的人。

第三，道德至上，遵从自己的良知。

马丁·路德金在他被判死刑时，对他的敌人说："去做任何违背良知的事，既谈不上安全稳妥，也谈不上谨慎明智。我坚持自己的立场；上帝会帮助我，我不能做其他的选择。"

可见，正直是人类的一种优秀品质，也是人类社会对个体性格的一种理想追求。正直同公正、善良、智慧、勇敢、诚实等高尚品德一样，一直受到赞赏和褒扬，并且成为当代社会思想道德建设的核心。

从小事着手，大事便会水到渠成

生活中，人们常说"心急吃不了热豆腐"，指做事不要急于求成，只有踏实做事，才能水到渠成。的确，总是想着成功

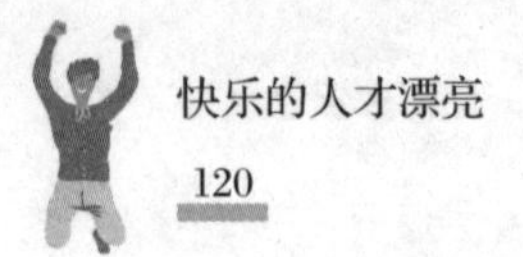

的人，往往很难成功；太想赢的人，往往不容易赢。欲速则不达，凡事不能急于求成。相反，以淡定的心态对之、处之、行之，以坚持恒久的姿态努力攀登，努力进取，成功的机率却会大大增加。我们都听过《揠苗助长》的故事：

从前，宋国有个农民，他做事总是追求速度。因此，对于田间的秧苗，他总觉得长得太慢，于是，他闲来无事时，就会到田间转悠，然后看看秧苗长高了没有，但似乎秧苗的长势总是令他失望。用什么办法可以让苗长得快一些呢？他思索半天，终于找到一个他自认为很好的办法——我把苗往高处拔拔，秧苗不就一下子长高了一大截吗？说干就干，他就动手把秧苗一棵一棵拔高。他从中午一直干到太阳落山，才拖着发麻的双腿回家。一进家门，他一边捶腰，一边嚷嚷：“哎哟，今天可把我给累坏了！”

他儿子忙问：“爹，您今天干什么重活了，累成这样？”

农民洋洋自得地说：“我帮田里的每棵秧苗都长高了一大截！”他儿子觉得很奇怪，拔腿就往田里跑。到田边一看，糟了！早拔的秧苗已经干枯，后拔的也叶子发蔫，耷拉下来了。

揠苗助长，愚蠢之极！每一棵植物的成长都是需要一个过程的，需要我们每天辛勤地浇灌、耕耘，才能获得成果。每一个生命的成长也如此，千万不要违背规律，急于求成，否则就是欲速则不达。

其实，不光是例子中的这个农民，在现实生活中，这种急

功近利的人也大有人在，他们来也匆匆，去也匆匆，以至于不想喘息就要直达终点。急于求成，心态浮躁，会把最简单、最熟悉的小事都办糟，何况富有挑战性的大事呢？

任何一种本领的获得、一个人生目标的达成，都不是一蹴而就的，而是需要一段艰苦历练与奋斗的过程。正所谓“梅花香自苦寒来，宝剑锋从磨砺出”，任何急功近利的做法都是愚蠢的，做任何事情都要脚踏实地，一步一个脚印才能逐步走向成功，一口永远吃不成一个胖子。急于求成的结果，只能适得其反，功亏一篑，落得一个拔苗助长的笑话。

一位渴望成功的少年，一心想早日成名，于是拜一位剑术高人为师。他问师傅要多久才能学成，师傅答曰：“十年。”少年又问如果他全力以赴，夜以继日要多久。师傅回答：“那就要三十年。”少年还不死心，问如果拼命修炼要多久，师傅回答：“七十年。”

这里，少年学成并非真的要七十年，师傅之所以如此回答，是因为他看到了少年的心态，少年可谓是不惜一切想尽快成功，但没有平和的心态，势必会以失败告终。渴望成功、努力追求都没有错，但渴望一夜成名的心态反而会使事情适得其反。

强扭的瓜不甜，强求的事难成，以淡定的心态面对，却往往会水到渠成。因为人们的主观愿望与实际生活总是有差距的，我们千万不可把自己的主观意愿强加于客观的现实中，我

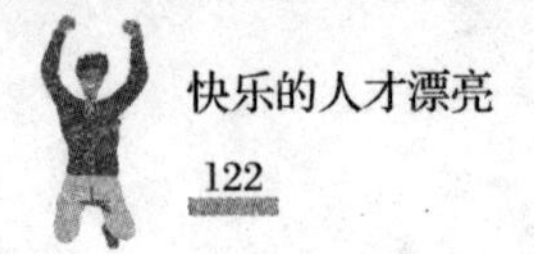

们应该学会随时调整主观与客观之间的差距。凡事顺其自然，确实至为重要。有些事情就是很奇怪，你越努力渴求的，它越迟迟不来，让你等得心急火燎、烂额焦头。终于，你等得不耐烦了，它却从天而降，给你个惊喜满怀。

可见，急于求成、急功近利的思想要不得，凡事都必须先深思熟虑，再做出行动，否则，只能是事倍功半，甚至是瞎忙活，不但没有什么效果，还会平添许多烦恼。如果我们能遵循事物的客观规律，多思考，就会获得事半功倍的效果。

孔子曰："无欲速，无见小利。欲速，则不达，见小利，则大事不成。"真正能成大事者，都有一个特点，那就是有十足的定力，遇事不慌不乱，这也是一种智慧的胸襟。人要学会用长远的眼光看问题，不仅要看到眼前的得失，更要着眼于未来。只有凡事不急于求成，才能真正有所成就。

当然，顺其自然，不是一种消极避世的生活态度，而是站在更高层次来俯视生活。

第8章　享受独处，感受心灵的自由与成长

生活中，在与人共处时，我们扮演着人际交往中不同的身份，有着不同的对应轨迹。有的人宁愿面对别人，也不愿单独面对自己。其实独处是最自由的，人因为习惯了角色与名分，面对这份自由时，反而显得不知所措、彷徨与空虚。而心境淡定的人，懂得怎样去开发自己的生活快乐源泉，会在独处的时候给自己安排一片只属于自己的小天地。所以我们要特别珍惜独处的光阴。在喧闹的尘世生活中，不论何时，总要努力寻找一些悠闲的时光用于独处，此时你暂放自己的尘心，静心感受一下心灵的自由与成长，倾听宇宙的静谧节奏，感受一下天地万物的神奇——这是独处所给予我们的最丰盛的礼物。

静下心思考，会有意想不到的收获

人是群居动物，因此，独处的时候，我们常常会感到寂寞。寂寞的时候，你是品品茶，喝喝酒，还是唱唱歌，翻翻书？你是安静地坐一坐，还是悠闲地散散步，抑或是赶快到人群中去寻找情感的共鸣、心灵的慰藉？实际上，耐得住寂寞的人，或者懂得排遣寂寞的人，忍受得住孤独的人，或者会享受孤独的人，即使成不了伟大的人物，也必然会有一颗伟大的心

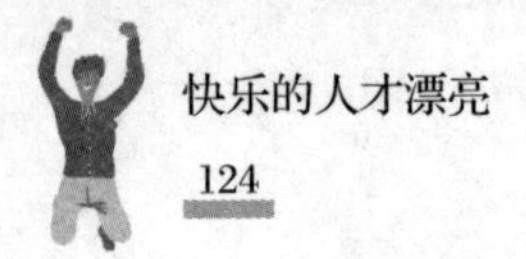

灵。因为乐享寂寞的人心态必定是淡定的，他们常会选择以独处的方式来思索人生，思索问题，进而提升自我，

那些真正内心淡定的人，崇尚简单的生活，极少抛头露面，对人生、社会抱以宽容、不苛求，心灵清净。他们像秋叶一样静美，淡淡地来，淡淡地去，给人以宁静，给人以淡淡的欲望，活得简单而有韵味。

淡定的人，即使再忙碌，也会偷出空闲，滋养自己。白日的尘埃落定，夜晚会在灯下读点书，修复日渐粗粝的灵魂，使自己依然温婉和悦。

朱自清先生在散文《荷塘月色》中写过这样一段话："我爱热闹，也爱冷静；我爱群居，也爱独处。"人在独处之时可以想许多事情，可以不受他物的牵绊，让自己的思想尽情遨游，在深思熟虑中获得生命的体验与感悟。这便是孤独的妙处吧。

曾经有一位总统，他远离公务和繁琐的生活，来到一间寺庙，他每天的工作只剩下两件事：拜佛和念经。

一天，寺庙的住持来探望他，他很疑惑地问住持："师父，庙里的桂花为什么这样香？"

住持说："哪儿的桂花不香呢？"

他说："总统府的桂花就没有香味！"

住持有些奇怪，问："总统府的桂花全是从雪岳山移过去的，怎会没有香味呢？"言毕，唤一童子进来，说："冬天快

来了，送一盆夜来香，伴总统念佛。”说完，住持便离去了。

一年以后，住持又来看这位总统，总统指着小茶桌上的夜来香，说：“这盆夜来香想必是名贵品种吧。”住持不解其意，问：“何以见得？”总统说：“它不仅夜里香，白天也香！”住持说：“这是从房前随便挖来的一棵，它不是名品，是极为普通的一种。”总统说：“过去我家也有一盆夜来香，可是，白天从没有闻到过香味，这盆不同。”

住持说：“过去一位禅师说过：‘夜来香其实白天也很香，人们之所以闻不着，是因为白天，心太躁了！’现在你能闻到香味，可能是心境不一样了。”

后来，总统谈起百潭寺的经历和如今的生活，他坦诚自然。他还写了一篇题为《宁静安详，始知花香》的文章，最后有这么一段感慨：“假如你现在感觉到吃什么都不香了；看再美的景致都不激动了；住再大的房子，坐再好的车，都没有幸福感了，一定是你变了，变得离真实的生活越来越远了。”

两年后，总统离开寺庙前往首都服刑。这位总统的名字叫全斗焕，1980年至1988年任韩国总统。现在他住在陕川郡，过着平民的日子，品味着桂花的芳香。

这位住持的话让我们深有感悟，当我们心情浮躁的时候，又怎能感受到那份宁静的幸福呢？曾经有一个百岁老人谈起他的长寿秘诀：“我每活一天，就是赚一天，我一直在赚。”这就是生命的真谛：豁达，坦然。

尘世中的我们，又是否有这样一颗安然、宁静的心呢？你是否已被这纷乱的世界扰乱了思绪呢？

人世间有太多会扰乱我们心绪的因素，对此我们要懂得调节。学会让自己安静，把思维沉浸下来，慢慢降低对事物的欲望。把自我经常归零，每天都是新的起点，没有年龄的限制，只要你对事物的欲望适当降低，就会赢得更多的制胜机会，所谓退一步海阔天空。

假如你遇到心情烦躁的情况，你可以喝一杯白开水，放一曲舒缓的轻音乐，闭眼，回味身边的人与事。对新的未来可以慢慢地梳理，既是一种休息，也是一种冷静的前进思考。

阅读也是让我们凝神静气的方法，像是一个吸收养料的过程，你的求知欲在呼喊你，要活着就需要这样的养分。

耐得住寂寞，在寂寞中走向成功

有人说，生命就像一艘船，穿过了一个个春秋，经历过风风雨雨，才驶向了宁静的港湾。然而，习惯了喧嚣尘世中的人们，当寂寞来临时，他们却手足无措，不知如何排遣。有人说，孤寂是吞噬生命和美丽的沼泽地。寂寞不可怕，可怕的是心灵的孤独，因此，寂寞的时候，我们需要一点精神上的寄托与追求，去打破寂寞，学会在寂寞中寻求彼岸。

曾经有个服刑的犯人在监狱中写下了一篇忏悔的日记：

“自从穿上了这身囚服，我才知道什么叫寂寞，我才发现自由是多么可贵。我仿佛有一种无法倾诉的无奈，仿佛置身在没有一丝风的沙漠中。牢房里，虽然不乏各种新闻，也不乏各种话题，但我不感兴趣。环境特殊吧，彼此都害怕对方窥视自己的内心世界，所以人人都不得不心墙高筑。在这种氛围里，那份孤独就显得更加沉重。

“于是，为了打发时光，空余时间我便拿出书来读。刚开始，我看的是一些修养身心的书，我不急不躁，细嚼慢咽，居然读了进去。接下来，我又喜欢上了一些道德、法律方面的书，竟让我读出了心得，读出了感悟。到后来，我已不光读，而是在‘听’了——听哲人谈人生道理，听名人谈生活经验，听学者谈对世事的看法，听强者谈怎样面对挫折。

“时间久了，读的书多了，我更加后悔以前的行径，以身试法是多么愚蠢啊，不过现在还来得及。于是，我拿起久违的笔抒发对亲人的思念、检讨曾经的过失……一篇文章的构思过程，就是一次心灵净化与充实的过程，虽然难免有忧伤，有惆怅，但我却不浮躁，不空虚。曾经失落、沮丧的心绪已渐渐舒展，漫长的时光已不再无聊，不再孤寂。这是否算一种境界，一份收获？

“我曾经暗叹牢狱生活是如此的漫长，如今却发现如果能够做到把刑期当学期，便可以学到许多对自己有用的知识，学

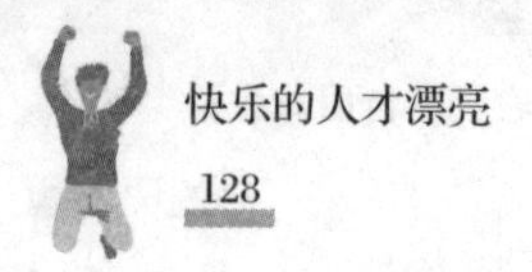

会在寂寞中充实自己，人生才会感到精彩，才能得到许多意想不到的收获！”

看到这篇日记，我们感到欣慰，孤寂的牢狱生活并没有让他再次堕落，他选择了以读书来充实自己的内心。的确，心与书的交流是一种滋润，也是内省与自察。伴随着感悟与体会，淡淡的喜悦在心头升起，浮荡的灵魂也渐归平静，让自己始终保持着一种纯净而又向上的心态，不失信心地契入现实，介入生活，创造生活。

英国作家汤玛斯说：“书籍超越了时间的藩篱，它可以把我们从狭窄的目前延伸到过去和未来。”读书是一趟深入自我的探险旅程，是实现自身价值的一种途径，书籍的背后是一种文化的力量。有了这种探险的历程和这种文化的力量，我们定会在一本本书中看清自己，看清过去和未来，并在不间断的思考中挖掘出自己的潜能，走出狭隘，驱散浮躁，在心中开启一扇智慧之窗，开阔视野，涵养性情，丰富自我，修炼人格，为步入幸福的殿堂开辟一条绿色通道。

寂寞是一柄双刃剑，淡定的人会在寂寞中锻炼自己的心性；而愚蠢的人却在寂寞中迷失方向，从此一蹶不振，脱离了成功的轨道。寂寞是喧闹世界的陪衬，就像绿叶对鲜花一样。

学会在寂寞中寻求彼岸，我们需要对自己充满信心。人的一生好比船在大海上航行，不可能永远一帆风顺，难免会遇到狂风、怒涛、暗礁等各种各样的危险。同样，寂寞也只是我们

通向成功路上的一个小小的挫折，只要我们有信心，有勇气，我们就可以去搏斗，去尽享奋斗人生的快乐，从而把寂寞当做成功路上的垫脚石。如果一个人在寂寞中失去了信心，那么他只会越陷越深，最终被寂寞吞噬。所以，多给自己一点信心，相信自己一样能够创造奇迹。

学会在寂寞中寻求彼岸，需要我们时刻怀有一颗追求和进取的心。寂寞中，如果追求和进取委顿了，那么就如同身心已死，四肢的活力不再蓬勃，生命也等于已经消亡，而只要有追求，前景就永远是一片灿烂。歌德说过：“人人心中有一盏灯，强者经风不熄，弱者遇风即灭，这盏灯是理想。”若想要理想之灯放出光芒，就需要我们不断付出艰辛的劳动甚至是一生的努力。在寂寞中，有的人像阿Q一样整天处在幻想中，把未来的生活描绘得五光十色，然而却只能雾里看花、水中望月罢了。没有追求的人，就像一艘无舵的孤舟，终将被大海吞没；不懂进取的人，就像一颗黑夜的流星，不知会陨落何方，所以任何时候请不要放弃自己对理想的追求，不断进取方能克服寂寞，从而找到彼岸。

学会在寂寞中寻求彼岸，需要我们主动去开垦我们的寂寞。寂寞的时候，请不要一味地抱着消极的心态去打发时间，可以去做一些有意义的事情。古人云：“书中自有黄金屋，书中自有颜如玉。”读书可以让我们增长见识，让我们身心放松。你可以坐在阳台上，也可以蜷缩在沙发里，随时随地都可

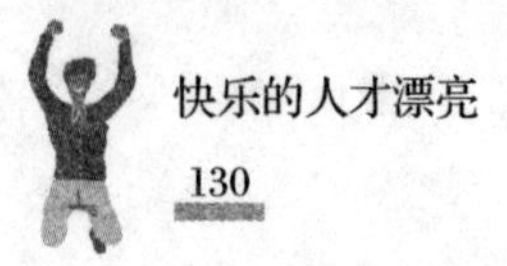

以进入书的海洋。除此之外，我们还可以静静地听歌、发呆或者写一些随心随意的文字，总之只要你不在寂寞中沉迷，让自己的四肢忙碌起来，你就会找到一个充实的自我。任何时候都要记住，寂寞不是放纵自己的理由。学会开垦自己的寂寞，不气馁、不消沉，辛勤地耕耘，你终将走出寂寞。

孤独时，学会与自己相处

紧张的忙碌工作之余，你离开办公桌，沏一杯咖啡，来到窗前，静静俯瞰这城市中匆匆行走的人们，是否觉得自己累了太久，寂寞好难得？在万籁俱寂的子夜时分，你沉沉地睡去，但一想到次日依旧要面临繁杂的工作、生活，你是否觉得心力交瘁？你听够了上司的训导、同事的唠叨、孩子的哭闹、家人间的争吵，你是否很渴望能独处？

在人的一生当中，寂寞、独处的时间实在太少了，尤其是在这喧哗的世界里，难得寂寞一回！在大都市里，寂寞真的是一种少有的平静，没有压力，没有喧哗，只有安静，只有自己的呼吸，只有平平淡淡。在万物沉睡的凌晨，在肃静的室内，在空旷的郊野，在所有这些寂寞的时候，凡尘的繁琐事务离我们远去了，忧虑与烦忧也不再侵害我们，我们的内心自然会生出许多平安欢喜之情，此时思绪静止，内心安详而淳朴，你会

感到一种与天地同在的醉意。

刘女士的儿子刚上小学，孩子所在的小学离刘女士原先的单位有一个多小时的车程，为此，她辞了职，在儿子学校附近的一个公司找了份工作。

“自从到这边来上班，几乎就没有了独处的时间，办公室是三个人公用的，似乎什么都是大家的领地，好在大家相处是愉快的，事情也做得顺意，总有忙不完的事情。工作之余的时间，多是给了孩子，给了家庭，偶尔的独处，也是在阅读中掩藏自己。‘寂寞’这样奢侈的享受已经远离了自己。

“今天下午开会然后放假，我是带着提前放假的孩子来的。会后，大家都回家，我一个人在办公室，继续上次未完成的一段视频编辑。孩子和陈先生家的儿子一起玩着，而我一直坐在计算机前，同事们都走了，后来孩子也被他爸爸接回去了，只有我一个人坐在空空的办公室，等待着文件的生成、刻录。寂寞中，于是有了整理心情的想法，于是诞生了连续几篇散乱的文字：

“本来还是正好的夕阳，不觉间夜色肆意蔓延开来，偌大的校园已经是寂静一片。站在窗前，视线是极好的，不远处已经是灯火阑珊，围墙外的道路上，街灯安静而闲适，总是让我想起十多年前的一些黄昏。有时在高中时一个走在上晚自习的路上，冬日的黄昏，橘黄色的街灯点缀着深蓝色的天幕，有时飘雨有时落雪，更多的时候是也无风雨也无晴，一如自己的

大脑，疲惫后的宁静与超然；还有时，站在学校七楼的寝室窗前，眺望不远的山上忽明忽暗的灯光，嘉陵江的水声仿佛穿透夜色低语着。思绪飘渺地不知去向，似乎总也不知道家在何方，总有着无限的希冀，当然也有过彻底的绝望，那时候彻底地明白了一句话：热闹的是他们，而我什么都没有。

“寂寞的、超脱的，一种很微妙的感觉似乎成了自己对黄昏最热切的期盼。而毕竟我们都是红尘俗世中纠缠着的众生，谁也超脱不了。

“文件制作完成，我于是关上窗户，收拾心情，踏上回家的路。明天，又是一个不短的放假天，真好！”

故事中的刘女士是个懂得享受生活、享受寂寞的人。现实生活中，人们往往因为难以忍耐寂寞而寻求群体生活。这不但曲解了寂寞，得不到寂寞的益处，也同时严重误解了群体生活。许多人参与群体生活的缘由乃是他们不能够独居，不能够忍受寂寞，他们需要借助外界的喧闹来驱除内心的空虚。而群体生活却永远也不能治愈空虚，它只是经由精神的麻醉而暂时忘记了寂寞与空虚的存在，结果反而更加重了这种空虚。

为此，当独处时，我们可以有很多选择：

旅游，旅游是很多现代城市人放松自己的方法，长时间游走于钢筋混凝土中的人们，应到大自然中去。

读书，读感兴趣的书，读使人轻松愉快的书。抓住一本好书，爱不释手，尘世间的一切烦恼都会抛到脑后。

听听音乐也会让你身心放松下来，音乐是人类最美好的语言。听好歌，听轻松愉快的音乐会使人心旷神怡，沉浸在幸福愉快之中而忘记烦恼。放声歌唱也是一种气度，一种潇洒，一种解脱，一种心灵的呼唤。

总之，寂寞是一种宝贵的情感，凡庸的人总不能够享用寂寞，难以在寂寞中寻求灵魂的清静与成长，而内心淡定的人能够抓住难得的寂寞时间来洗涤自己的心灵，享受一个人美妙的世界！

曲终人散时，好聚好散

爱情是世间最美好的东西，爱情应该是世间万物自然孕育而成，它本来是无形的，所以不能刻意地给它总结答案。不要给爱过重的负担，它才能够是快乐的。爱情源于自然，只有自然而生成的爱情才会更持久。爱情会遁形于我们内心的深处，只有融入到我们心灵深处的爱才是最美丽的事物，当爱情来临时，我们不要爱得盲目，也不要爱得愚痴，要爱得轻松，轻松的心情才会快乐。而当那份爱情已经不值得你留恋时，也不要过于执着，任何失去自我的爱情都失去了原本的意义，要试着把自己的双手慢慢地放开。把双手放开时，才明白越是自然、越是随意的情感才会让人心情放松。

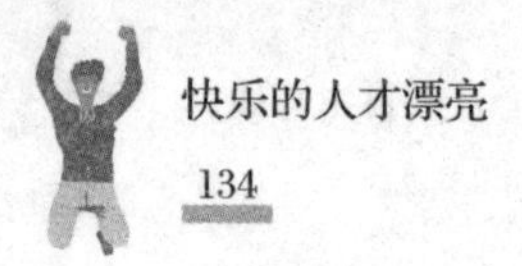

生活中，很多人经常充当情感的导师，当周围的朋友感情遇到阻碍，即将放弃的时候，他们常常都会对他说坚持到底，坚持就是胜利，但实际上，并不是所有的坚持都会等到最终的胜利。我们不妨先来看看一个女人的情感日记：

“现在我终于承认，一切都结束了，我也能面对自己了，这是一次情感的欺骗，我也不得不面对现实，早就怀疑这份感情的真实程度，可一直还是愿意相信自己是个值得爱的女人，所以宁可相信这份感情真实存在，所以无视诸多端倪。

“或许很久之前，我就应该给自己一个了结这次情感的机会。背叛在前，事实当前还是选择原谅，因为珍惜，现在看来完全是因为无知，这段时间精神恍惚了，无心工作，无心玩乐，今天终于可以放开纠结。

“真的下定决心不再爱，因为不值得……是呀，朋友说的一点没错，我是遭受了太多的感情挫折，太孤独太没人疼爱，貌似坚强的外表下是太脆弱的内心，才会对眼前看似存在的，其实漏洞百出的感情深陷其中。其实不是那么合适……我应该感到欣慰才是，今天我在内心告别的是一个不爱我的人，或者是一个不懂得珍惜爱的人，而被告别的他失去的是一个爱人。

“我的感情付错了方向，到今天我彻底承认，一个不懂得珍惜的人，一个不懂得坚持的人，一个不懂得爱的真谛的人，一个不懂得顾念我的感受的人，一个不会牵挂关爱的人根本不会懂爱情。跟这样的一个人谈感情是何等无知，何等虚幻的一

件事情。

“别了，我曾经的，短暂的爱情；别了，我曾经希翼过的未来……”

是啊，一个根本不值得自己爱的人，一段不值得留恋的感情，为什么还要苦苦迷恋呢？然而，生活中却有太多对于爱情过于执着的人。爱是一种那么模糊的东西，你说不明白它到底是什么。它或许是你早晨睁开眼睛的一个微笑，或许是你杯子中热腾腾的绿茶，或许是恋人的一个脉脉的眼神，或许是爱人在你肩头的一个细微的抚摸，或许是深夜孤独时美丽的灯光，或许是你寂寞时节里的一个祝福的短信……

爱是一种缘分，佛说前生千百次的回眸换来今生的擦肩而过。我们常常将不可名状的人生际遇归于缘分。你我偶然的相遇，却从此开始一段凄美浪漫的情感故事。今天相聚的记忆，凝聚来生的缘分。白发如新，倾盖如故，怎一个缘分了得！那么，对于爱情中的离合聚散，我们也应该做到随缘，以“入世”的态度去耕耘，以“出世”的态度去收获，这就是随缘人生的最高境界。

一个人失恋不可怕，可怕的是失去自己，没有勇气重新开始。一个为爱而自怜伤叹，每晚伤心抽泣的人，到头只能得到他人的耻笑，而不是同情！

许多人会在恋爱中迷失了自己，找不到自我，甘心付出很多，结果却是一败涂地。如果说杰克死后，露丝也跟着沉到海

底，那么就没有了那感人至深、赚了观众无数泪水的《泰坦尼克号》了。爱情的意义不是让一个人为另一个人牺牲，而是两个人共同付出，彼此幸福。你最需要的是从童话中走出来。

我们都是尘世中的人，都无法真正摆脱情缘，也逃不出爱与被爱的旋涡。心碎神伤后，是漫无止境的寂寞。或许真的会内心寂寞吧！但是细细体会寂寞后的洒脱，想想除他以外的快乐，想想再也不用为了猜测他的心思而绞尽脑汁，会不会轻舒一口气，感觉轻松一点？

冥想，从思考中解脱出来

生活中，我们每个人每天都要为生计奔波，都要面临繁重的工作压力，我们常常需要周旋于各种应酬场合中，我们似乎很少静下心来，思考人生，思考自己，立身于尘世中太久，你是否经常有种孤独、落寞的感觉？你知道自己要的到底是什么样的生活吗？你的心是否曾经被一些自私自利的狭隘思想笼罩过？你是否已经变得人云亦云？处于闹世中的我们，都要做到给自己一段独立思考的时间，尝试着在冥想中释放内心。

曾经有位事业有成的年轻人，他在朋友的劝说下来看心理医生，因为他觉得自己的工作压力太大了，心灵好像已经麻木了。

诊断后，医生发现他身体毫无问题，却觉察到他内心深处有问题。

医生问年轻人："你最喜欢哪个地方？""我不清楚！""小时候你最喜欢做什么事？"医生接着问。"我最喜欢海边。"年轻人回答。医生于是说："拿着这三个处方，到海边去，你必须在早上9点、中午12点和下午3点分别打开这三个处方。你必须同意遵照处方，除非时间到了，否则不得打开。"

于是，这位年轻人按照医生的嘱咐来到海边。

他到达海边时，正好9点，没有收音机、电话。他赶紧打开处方，上面写道："专心倾听。"他走出车子，用耳朵倾听，听到了海浪声，听到了各种海鸟的叫声，听到了风吹沙子的声音，他开始陶醉了，这是另外一个安静的世界。快到中午的时候，他很不情愿地打开第二个处方，上面写道："回想。"于是他开始回忆，想起小时候在海边嬉戏的情景，与家人一起拾贝壳的情景……怀旧之情汩汩而来。接近下午3点时，他正沉醉在尘封的往事中，温暖与喜悦的感受，使他不愿去打开最后一张处方，但他还是拆开了。

"回顾你的动机。"这是最困难的部分，亦是整个"治疗"的重心。他开始反省，回忆生活工作中的每件事、每一状况、每一个人。他很痛苦地发现他很自私，他从未超越自我，从未认同更高尚的目标、更纯正的动机。他发现了造成疲倦、

无聊、空虚、压力的原因。

在这个故事中，这位年轻人接受医生的建议来到海边，通过倾听、回想、回顾这三个过程，最终认识到了自己的症结——自私、从未超越自我、从未认同他人，这就是他感到空虚、压力大的原因。心理学家曾说过："人是最会制造垃圾污染自己的动物之一。"正如清洁工每天早上都要清理人们制造的成堆的有形垃圾一样，我们要想彻底消除倦怠，也必须经常反省自己，时刻清洗心灵和头脑中那些烦恼、忧愁、痛苦等无形的垃圾，真正让自己时刻心如明镜，洞若观火，以最好的状态去投入工作，而释放这些不健康心灵毒素的方法之一就是冥想。

的确，身处紧张、忙碌的现实世界中，我们的思想却渴望得到放松，冥想就是让你放松下来，当头脑、身体和心灵真正安静和谐时，当头脑、身体和心灵完全合二为一时，我们便得到释放了。

冥想是能量的彻底释放，是一种放空自己的方法，是一种忘怀之道，完全忘怀对自己、对世界的所有想象，人就有了截然不同的心灵。冥想还能帮助我们审视自己，审视周围的世界，看到自己的言行。然而，冥想只有在安静的内心环境下才会产生积极作用，否则，很容易产生扭曲和幻觉。

因此，我们不难发现，独处是让我们内心静下来的好方法。独处能让我们看清自己，看清自己的整个人生大部分时间

把精力都倾注在了什么地方，是钱？是情？是权？还是其他什么？它是不是你痛苦的根源？你能不能稍稍放松一下自己？独处让自己暂时不再置身其中，去体验没有任何东西可以让你疼痛的感觉。

独处，就是要消化这些心里的不平衡，消化所有的不能接受的结果，消化种种的抗拒，消化以往未了的事情。随着冰雪消融，我们的心渐渐地柔软了，渐渐地喜悦了，渐渐地伸缩自如了，智慧的力量就应运而生。抓住自己跟自己在一起的美好感觉吧，当这种美好的感觉越来越稳定的时候，我们的心便不再粘连在各种烦恼上。在这种情形下，我们的心才是自如的，喜悦的！

第9章　感受幸福，烦恼和痛苦都是自找的

每个人都有七情六欲和喜怒哀乐，烦恼也是人之常情，是人人避免不了的。但是，由于每个人对待烦恼的态度不同，所以烦恼对人的影响也不同。多愁善感的人喜欢自找烦恼，一旦有了烦恼，就忧愁万千，牵肠挂肚，离不开，扔不掉，憋屈难受。而内心淡定的人一般很少自找烦恼，他们善于淡化烦恼，所以活得轻松，活得潇洒。因此，很多时候，想要拥抱幸福并不难，只要我们懂得摒弃烦恼！

人要懂得知足，才会快乐

我们都知道，人无完人，但对于生活，人们却不能以同样的心态面对。他们总是希望生活可以过得更好，总是希望“万事如意”，而“万事如意”不过是人们相互祝福的颂词，“人生不如意之事十之八九”才是现实生活的真实写照，人们所面对的总是一些不尽完美的事情。我们无法控制事情，使事事顺心，但我们可以保持一颗淡定的心，做到坦然面对，该放则放，不要把一些“垃圾”总堆在心里，把乌云总布在脸上，把牢骚总挂在嘴上，否则你就会变成倒霉蛋，周围的朋友也觉着你很无趣。

卡耐基曾经遇到过这样一个女士：

这位女士一见到卡耐基，就开始抱怨，先是他的丈夫，她说她的丈夫不好好工作，接下来，她又开始抱怨她的孩子，说她的孩子不好好学习。总之，她有很多不满意的地方。等她抱怨完了，卡耐基对她说："这位女士，您太追求完美了。"当她听到这句话后，非常吃惊地看着卡耐基，过了好一会才说："卡耐基先生，您认为我非常追求完美吗？可我并不这样认为啊！而且像我这样相貌也不好、学历也不高的女人，根本不会去追求完美的。"

卡耐基说："您刚才跟我介绍过你的情况，您想想看，您的丈夫现在才三十几岁，但却有了自己的公司了，这已经是成功人士了，您为什么还认为不够好呢？而您的儿子，他才小学四年级，每次也能考个不错的成绩，您又为什么不满足呢？这不是在追求完美吗？"听了卡耐基的话后，那位女士很长时间都没有说话，最后认同了卡耐基的说法。

其实，生活中有很多这样的人，他们总是对生活现状不满，总是不断追求完美。有的人表现为对自己要求特别严格，而另外一些人则对别人非常严格，但总体表现，就是看不到生活中美的一面，他们的脸上总是愁云密布。其实，如果他们能转个角度，生活中便处处充满美好。就如上文中那位女士一样，在卡耐基的点拨下，她看到了"儿子学习成绩不错""丈夫事业有成"这两点。

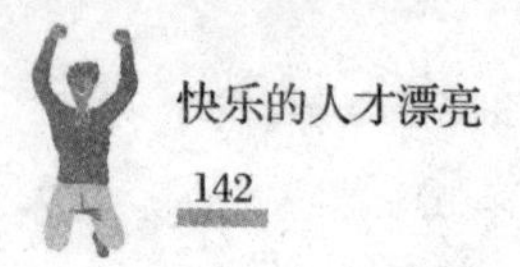

“不如意之事十之八九”，这是古哲对历朝历代人类生活状态所做的总结，就是说一个人的一生不如意的时候占去了生命的十之八九，只有十之一二生活在快乐之中。这一分析未必准确，但人的一生中忧比乐多却是不争的事实。

曾有人用“失意”和“诗意”来形容人类生活的如意与否，确实很贴切。人在快乐的时候，似乎看到的周围的一切都是美丽的，天空是蓝的，空气是新鲜的，甚至孩子的吵闹声也成了赞美诗；而在不如意的时候，周围的一切都是噪声，春雨成了泪滴，阳光也刺眼得让人想躲起来，“感时花溅泪，恨别鸟惊心”，就是失意的真实写照。

但是，我们必须清醒地看到，诗意和失意都是人的心理感受，不同思想境界的人会对同样的人生做出不同的诠释。

你说的失意在别人看来，可能是诗意，同样是失意，一个人可能深陷其中不能自拔，另一个人可能从中奋起走向诗意的前程。因此，我们不妨转换一下思维，当贫穷时，你不妨把它当成一种财富，它让你体会到人生不易，苦中作乐，以苦为荣，这也正是一种诗的意境。

认为自己可以获得更多，总是苛求生活，是导致人们不快乐的主要原因之一。他们总要按照一个不切实际的计划生活，总要跟自己过不去，总觉得生不逢时，机遇未到，所以整天郁闷不乐。而快乐的人明智地选择了从美的角度去欣赏生活，在他们的眼里，总是透露着知足、开心，于是，工作得心应手，

生活有滋有味。他们懂得生活的艺术，知道适时进退，取舍得当，快乐把握今天，而不是等待将来。事实上，如果我们每天可以做自己喜欢的事情，不在乎表面上的虚荣，凡事淡然、不苛求，那么快乐、幸福就会常伴我们左右。

追求圆满的人生，是每个人的愿望，但这个愿望，却是一种幻想，因为它不存在。生活中，很多人穷其一生，都在追求所谓的圆满，真的值得吗？每个人都有缺陷，每件事都会有缺憾。看人看事，都应该先看到其美妙的一面，假如你先入为主，认为此人不值得付出，那么，你看到的都是对方的缺陷。把眼光总盯在丑恶的方面，你永远都找不到快乐，永远不会有好的心情。

失恋是失意，但反过来想，人家既然离开了你，就说明不爱你，缘分已尽，何必强求，前边有芳草，前边也有美妙的诗篇。

再比如，我们认为工作压力大、工作时间长是失意，但如果我们反过来看，年轻时不是正应该努力奋斗的年纪吗？努力工作，才会有灿烂的明天！当你工作的时候，你应全身心地投入，你高吟豪放派的诗歌，把工作当成享受，你乐而不疲，一切失意都会烟消云散。

而当有一天，你离开了工作岗位或者没有了往日的荣耀，你也不必灰心，更不必埋怨人走茶凉。你不必奢求儿孙绕膝，你可以读书，你可以作画，你可以与老友们一起徜徉于琴棋书

画中，你还可以采菊东篱，种豆南山，那不也诗意盎然么？此时，我们的心情大致就变成“人生如意之事十之八九”了。

每个人的烦恼，都是自找的

生活中，我们每个人都会遇到一些烦恼，我们常常被这些烦恼困扰着，而事实上，这些烦恼大多都是我们自找的。一个浮躁的人才乐于给自己找麻烦。你可以追寻美好的生活，可以追寻甜蜜的爱情，但你绝不可以自寻烦恼。

每个人都有喜怒哀乐，人的烦恼，这是避免不了的。但不同的人对待烦恼的态度却是不同的。积极乐观者，一般很少自找烦恼，而且善于淡化烦恼，善于从烦恼中发现快乐；悲观失望者却总是喜欢无病呻吟，一旦有了烦恼，忧愁万千，难以自拔。

大多时候，人的烦恼都是自找的，有些问题其实根本不是烦恼。举个很简单的例子：你已经是一名主管，管理着一大批人，但你却一直觊觎经理的职位，让你没料到的是，这一职位却被一名资历不如自己的人抢走了。你心里很不痛快，而你忽视的一点是，主管的职位已经是很多人羡慕的了。再说位高烦恼多，经理也有经理的烦恼，经理的烦恼可能会多过自己的烦恼。还有的人为钱而烦恼，总想拥有更多的钱财，不知满足。

可惜你除了想过钱多的得意，有没有想过钱多的烦恼？钱少的人或许没有钱多的人那么神气，但钱少的人也没有钱多的人那么多担忧。

当我们在为种种苦恼之事感到失落甚至掉泪时，其实快乐就在身边，只是我们不善于发现快乐。做一个快乐的人其实并不难，拥有一个幸福的人生也很简单，只要我们不自寻烦恼。

从前，佛祖遇到了一个不喜欢他的人，这个人连续几天都跟着佛祖，并用各种方法辱骂佛祖，但奇怪的是，佛祖似乎从不跟他计较。这人很纳闷，问佛祖是怎么做到的。

佛祖反问道："若有人送你一份礼物，但你拒绝接受，那么这份礼物属于谁？"

那个人答："属于原本送礼的那个人。"

佛祖微笑着说："没错。若我不接受你的谩骂，那你就是在骂自己。"

那个人恍然大悟，摸摸鼻子走了。

这里，佛祖要告诉我们的是，只要你对别人给你的烦恼采取不理不睬，不接受的态度，那么无论别人如何谩骂你、如何对待你，都影响不了你的快乐，夺不走你的高兴。其实，生气是拿别人的错误来惩罚你自己，真正的受害者也是你自己。因此，不要扰乱了自己的心，烦恼往往都是自找的。只要你不接受"烦恼"这份礼物，任何人都破坏不了你的好心情。

美国心理治疗专家比尔·利特尔经过研究认为：一个人若

有以下心理或做法，必定会促使其自寻烦恼、无事生非。

1. 总把原因归结于自己

你是不是认为别人不喜欢你是因为你的原因？你是不是认为同事被上级领导批评也是因为你的原因？把消极原因都归结于自己，那么要不了多久，你就会烦恼成疾。

2. 喜欢做白日梦

最可怜、可悲的人莫过于那些总是做白日梦的人，如果你不重新调整你的目标，那些无法实现的目标同样让你烦恼不断。

3. 盯着消极面

不要总是把眼光放在你曾经受到的冷遇上，也不要总是计算自己吃了多少次亏。如果你这样做，你就会运用这种消极的思想来给自己制造烦恼。

4. 好与人争论

你从未赞美过他人，总是挑刺儿、埋怨，好与人争论，这是制造隔阂、自寻烦恼的做法。

5. 总是拖延问题

问题一旦出现，你就要解决，因为此时解决很容易化解，而如果你采取拖延的方法，问题只能像滚雪球一样越滚越大，最后一发不可收拾。因此不要有“如果错过了解决问题的时机，索性再往后拖拖”的想法。这样，只会使问题变得更糟，必定会导致你的愤怒和苦恼与日俱增。

6. 把自己摆在殉难者的位置

你可能经常会听到家庭中的主妇们会这样抱怨：“没有一个人真正心疼我，对我们家来说，我不过是个仆人而已。”而男人们也会抱怨：“我的骨架都累散了，谁也不把我当回事，大家都在利用我。”要知道，经常这样想，必定会使你烦恼异常，而且还会使周围的人感到讨厌，令你的感觉变得更糟。

做一个快乐的人其实并不难，拥有一个幸福的人生也很简单，只要我们摒弃以上心理或做法。要知道，世界上没有一个人因烦恼而获得过好处，也没有一个人因烦恼而改善过自己的境遇，但烦恼却在随时随地损害着我们的健康，消耗着我们的精力，扰乱着我们的思想，减少着我们的工作效率，降低着我们的生活质量。

人生在世，其实是在为自己而活。活着，本身就是一种幸福。每个人来到这个世界上都是不容易的，也是幸运的。所以，珍惜和善待我们的人生吧，快乐和充实地度过每一天，才是远离烦恼的正确选择。

遗憾是人生常态，接纳遗憾才会释然

人生不可能事事都如意，也不可能事事都完美。追求完美固然是一种积极的人生态度，但如果过分追求完美，而又达不到完美，必然会产生浮躁。过分追求完美不但得不偿失，还会令自己陷入泥沼。

从前，有个国王，他有七个女儿，这美丽的七位公主是国王乃至整个国家的骄傲。

这七位公主都有一头美丽乌黑的长发，为此，国王送给她们每个人一百个漂亮的发卡。

这天早上，大公主醒来，准备梳头，却发现自己的发卡少了一个，于是，她就去二公主房间拿走了一个；同样，二公主也发现自己的发卡少了一个就去三公主那里拿了一个，就这样到最后，七公主的发卡只剩下九十九个。

隔天，邻国一位英俊的王子忽然来到皇宫，他对国王说："昨天我养的百灵鸟叼回了一个发卡，我想这一定是属于公主们的，而这也真是一种奇妙的缘分，不晓得是哪位公主掉了发卡？"公主们听到了这件事，都在心里想说："是我掉的，是我掉的。"可是大公主到六公主头上明明完整地别着一百个发卡，所以都懊恼得很。只有七公主走出来说："我掉了一个发卡。"话才说完，一头漂亮的长发因为少了一个发卡，全部披散了下来，王子不由得看呆了。故事的结局，自然是王子与七公主从此一起过着幸福快乐的日子。

为什么我们一有缺憾就想拼命去补足？一百个发卡，就像是完美圆满的人生，少了一个发卡，这个圆满就有了缺憾，但正因缺憾，未来就有了无限的转机，无限的可能性，何尝不是

一件值得高兴的事！

同样，现实生活中，我们的生活也是充满遗憾和不完美的。我们都知道家是一个人心灵的港湾，是释放自己的场所，如果因自己追求完美，而对家人增加了许多的限制，这不准那不行，令家人不开心，也会使自己不愉快。家中的每个人都忙碌了一天，都在努力保持自己的形象，回到家再受到限制，当然都会不开心的。所以力求完美，也要看时间、地点、场所，过分要求完美反倒不完美了。

许多交往中的男女，为了给彼此留下最好的印象，都极力让自己表现得完美，于是，对于自己的缺点和小瑕疵，他们都会隐瞒起来，并用审美的眼光去看彼此，因达成的美感而步入婚姻。而一旦成为夫妻后，渐渐地发现，彼此不再是初识的那个人，于是在相互的失望中对爱情、对婚姻、对人性、对所谓完美都失去了信心。其实呢，王子也好、公主也罢，都还是婚前的那个人，不同的是他们恢复了真正的自我，那些令我们陌生的发现，其实决非突然出现，只是以前没看到或看不到而已。

生活毕竟是烦琐的，适度的放松实在比事事力求完美更重要，否则把自己和周围的人都弄得紧张兮兮的，会十分疲惫。不完美就让它不完美吧！既然无法达到完美，一味地追求完美岂不是给自己增添许多烦恼？所以，学会和遗憾、不完美为伴吧。

人生不可避免的缺憾，你怎样面对呢？逃避不一定躲得过，面对不一定最难受，孤单不一定不快乐，得到不一定能长久，失去不一定不再有，转身不一定最软弱。别急着说别无选择，别以为世上只有对与错，许多事情的答案都不是只有一个，所以我们永远有路可以走。

你能找个理由难过，你也一定能找到快乐的理由。

在现实生活中，我们对人、对事都不宜过于苛求，否则，最终会让自己成为孤独的人，生活在孤寂和焦灼之中。生活的目的在于发现美、创造美、享受美，而不善于发掘它的闪光点和长处的人，就难以找到真正的美。

人生是没有完美可言的，完美只是在理想中存在，生活中处处都有遗憾，这才是真实的人生。事实上，追求完美的人是盲目的。“完美”是什么？是完全的美好，这可能么？“凡事无绝对”，哪里来的“完全”，更不要提“完美”了。既然没有“完美”，那又为什么要去寻找它呢？

只有傻瓜，才用放大镜看痛苦

有个笑话说，一位农夫在收鸡蛋时，不小心打破了一个，他想：一个鸡蛋经孵化后就可变成一只小鸡，小鸡长大后成了母鸡，母鸡又可以下很多蛋，蛋又可孵化很多母鸡。最后农夫

大叫一声：“天啊!我失去了一个养鸡场。”

这个农夫看来着实有点可笑，但在现实生活中像农夫这样的人却大有人在。

夫妻二人，在亲朋好友的祝福下走入婚姻的殿堂，两个人难免有磕磕碰碰的时候，拌几句嘴也属正常，可偏偏有人钻了牛角尖，将拌嘴升级为打斗。本来可亲可爱的人露出了凶恶面孔，即使战火息止，也难免伤了感情，甚至闹到以离婚收场。

刚上学的孩子学习速度慢，几个星期下来，大字不识几个。看着自己的孩子不如别人家的聪明，想想他今后糟糕的学习成绩，那上大学肯定有问题，上不成大学，哪里来的好工作——父母亲便如热锅上的蚂蚁坐立不安，对孩子没有了好声气，夫妇之间也少不了要互相报怨。面对如此让人烦心的问题，再坚强的心也会被击垮。但这样的父母也未免太有“远见”了。孩子还小，理解力有限，也许一个偶然的提示就能让他转过弯来，孩子依然会收获自己的成功。

一些老年人，容易瞎想，会“想象”出很多痛苦，如退休金没人家多；住房没人家宽敞；孩子的工作没人家的孩子好……放大痛苦，结果是有百害而无一利。

我们总觉得活得很累，我们总有宣泄不完的痛苦，这是为什么？原因很多，但原因之一肯定是我们常犯一种错误——放大痛苦。

在面临不幸的时候，如果一味地放大痛苦，问题就会越来

越糟；如果辩证地想一想也许就豁然开朗了。

任何人都难免失误，但正确面对失误，把失误局限化，并积极寻求解决和弥补的办法，这才是我们应有的生活态度。

卢梭说过：“除了身体的痛苦和良心的责备以外，一切痛苦都是想象出来的。”俗话说得好：生活像面镜子，你哭它就哭，你笑它就笑。让我们生活中的笑更多些，千万不要放大痛苦。

有一天，古刹内来了一位富态的中年妇女。她对方丈说，自己最近失眠，还食不下咽，浑身乏力，做什么事都没有激情，很想了却尘缘，遁入佛门。方丈观人无数，且颇懂医术，听完那位妇人的描述后，便说：“不忙，待老衲先给施主把把脉如何？”妇人点头应允。

切完脉，观完舌苔，方丈微微一笑：“体有虚火，并无大碍。”顿了一下，方丈又接着说：“我看施主定是心中烦恼太多。”

中年妇女一听，心想方丈果真是高人，便把心中所有事情逐一向方丈倾诉。方丈很随意地跟她聊着：“你家相公与施主感情如何？”

妇人脸上有了笑容，说：“感情很好，几十年来都是相敬如宾，从未红过脸。”

又问：“施主膝下有无子女？”

妇人眼里闪出光彩，说：“有个乖巧、漂亮的女儿。”

方丈又问："家里的生活不好吗？"

妇人赶忙摇头说："家里世代都是做生意的，生活算得上是镇上的富裕人家了……"

方丈铺开纸墨，边问边写，左边写着她的苦恼之事，右边写着她的快乐之事，然后把写满字的纸放到妇人面前，对妇人说："这张纸就是治病的药方。你把苦恼之事看得太重了，所以忽视了身边的快乐。"

说着，方丈让徒弟取来一盆水和一只苦胆，把胆汁滴入水盆中，浓绿色的胆汁在水中淡开，很快就不见了踪影。方丈说："胆汁入水，味则变淡，人生何尝不是如此？施主，不是您承受了太多的苦痛，而是您不善于用快乐之水冲淡苦味啊。"

其实，生活中的我们，何尝不是和这位妇人一样，不懂得淡化自己的烦恼和痛苦，反而放大它们呢？而当我们为种种苦恼之事感到失落甚至掉泪时，其实快乐就在身边朝我们微笑。

生命仿佛是一片神秘的原始森林。有时，我们谁也不知前方是什么，只是不停地追求、探索。挫折就是森林中的野兽，不知什么时候就会侵占你的领土。痛苦是心灵中的一株野草，在挫折"光顾"你的领土时，痛苦若是过度繁殖，那么它就会替代你心中的阳光、水和空气，你心中的快乐、希望、幸福就会消失。

因此，当我们遭遇挫折时，我们应该告诉自己："不要放大痛苦！"

抱怨生活，你就失去生活的幸福

生活中，我们常常听到身边的人抱怨道："哎！工作太累，天天都有做不完的活，连喘口气的机会都没有！""看看我们公司的那伙人，那是什么素质简直没法说！""我们家那位一天只知道挣钱，连结婚纪念日都忘记了。""我怎么就生了这么笨的一个儿子，学习好像从来不用脑子。"……抱怨就像瘟疫一样在我们周围蔓延，愈演愈烈。他们好像从来就没有过顺心的时候，无论什么时候和他们在一起，你都会听到有人在抱怨。高兴的事情抛在脑后，不顺心的事情总挂在嘴上。因为抱怨，他们不仅把自己搞得很烦躁，也把别人搞得很不安。相反，那些内心淡定的人，他们如快乐的小鸟，当别人抱怨时，他们却倍加珍惜时间，因为他们深知，抱怨毫无用处，充实内在，用行动说话才是硬道理。

有这样一个故事：

画家列宾和他的朋友在雪后散步，他的朋友瞥见路边有一片污渍，显然那是狗留下来的尿迹，就用靴尖挑起雪和泥土把它覆盖上了。没想到列宾发现时却生气了，他说："几天来我总是到这来欣赏这一片美丽的琥珀色，而你现在却把它涂抹了。"

在生活中，当你埋怨别人给自己带来不快，或生活不如意时，想象那片狗留下的尿迹，其实，它是"污渍"，还是"一

片美丽的琥珀色”，都取决于你自己的心态。

比如，早上起床晚了，抱怨的人会想：“家里人为什么不叫我一声？真是不负责任！”不抱怨的人会想：“也许他们是想让我多睡一会儿。”

出门走路，与别人撞了一下，抱怨的人会想：“挺大个活人都看不见，长眼睛干什么的？”而不抱怨的人会想：“他肯定有什么急事儿，没看见，也怪我没注意。”

到了公司，同事从对面走过来却对你视若无睹，抱怨的人会想：“他对我有意见？牛什么，我还懒得理他呢。”不抱怨的人可能想都不会想，顶多会想：“他准是想着心事，没留神。”

你辛辛苦苦做完一件工作，满以为会得到上司的夸赞，但谁知道上司不哼不哈，连个高兴的脸色都不给，抱怨的人会想：“遇到这样的上司，活该我倒霉，一辈子都没有出头之日了。”不抱怨的人会想：“这本就是我分内的事。”

下班了，原本打算早点回家的你，却被临时通知要开会，抱怨的人会想：“下班都不让人轻省，这是什么破公司！”不抱怨的人会想：“也许真有什么重要的事情。”

好不容易回到家，爱人还没回来做饭，抱怨的人会想：“一天忙得要死，却连顿现成的饭都吃不上！”不抱怨的人会想：“今天有个一显身手的机会了，我要给爱人一个惊喜。”

……

为什么抱怨的人会说生活得这么累，因为他只看到自己的付出，而没有看到自己的所得；而不抱怨的人即使真的很累，也不会埋怨生活，因为他知道，失与得总是同在的，一想到自己的所得，他就会感到高兴。

的确，抱怨只会让我们浪费掉大把的时间，因为它会破坏我们原本积极的潜意识。你可能有过这样的体会，只要我们的头脑中有一丝抱怨的意识，那么我们手中的工作就会不由自主地慢起来，然后为自己鸣不平、讨公道，甚至是抱怨老天不公。在这种坏心情的影响下，不仅我们的工作和生活都受到了影响，我们的心态也会改变，而真正的勇者，他们从不抱怨，他们总是能淡定、冷静地看待世界，审视自己，最终成就自己。

其实，没有一种生活是完美的，也没有一种真正让人满意的生活。如果我们能做到不抱怨，而是以一种积极的心态去努力进取，那么，收获的将会更多，而如果我们一旦养成抱怨的习惯，那就像搬起石头砸自己的脚，于人无益，于己不利，于事无补，生活就成了牢笼一般，处处不顺，时时不满。所以，每个人都应该认识到：自由地生活着，其实本身就是最大的幸福，哪有那么多抱怨呢？

因此，不要抱怨你的专业不好，不要抱怨你的学校不好，不要抱怨你住在破宿舍里，不要抱怨你的男人穷或你的女人丑，不要抱怨你没有一个富爸爸，不要抱怨的你工作差、工资

少，不要抱怨你空怀一身绝技却没人赏识，不要抱怨你的老板不近人情，不要抱怨你的同事素质低……生活是你的朋友，不是你的敌人。即使现实有太多的不如意，就算生活给你的是垃圾，你同样能把垃圾踩在脚底下，登上世界巅峰。

第10章　怡然自得，学会忍耐提升自己的境界

人活于世，我们不可能只活在自己的世界内，每个人都要与人接触，于是，就产生了人与人之间的竞争、利益的争夺等。对此，内心淡定者会选择忍耐而不是逞一时之气，忍耐是一种承担、一种处理、一种等候。忍耐并不是逆来顺受，不是消极颓废，也不是在沉默中悄然降下信念的帆。忍耐是当一根火柴燃烧到一半的时候，接受另一半炙热的煎熬。学会忍耐，挺起坚强的脊梁，用快乐和潇洒清扫尘灰般的意志，人生不论是低迷还是高涨，你的人生都将壮美如画。

学会了忍让，人生就会顺利很多

人活于世，难免会受到一些伤害，有些伤害是可以通过法律途径解决的，而有些伤害，是没有什么机构可以为你伸冤叫屈的。面对他人带给你的伤害，你是会把它滞留在心里，还是一笑而过呢？

我们来看看富兰克林是怎么做的：

富兰克林出生在一个世代打铁的工匠家庭，12岁的小富兰克林后来流落到费城，有一个叫凯谋的阴险狡猾的人雇用他管理印刷厂。当时富兰克林已经是一个熟练工人，他想，既然答

应接受这份工作，就应该尽力做好。于是，他就每天教其他工人一些技术，甚至把自己发明出来的制作字模的方法也传授给了这些人。

过了一段时间，凯谋发现自己廉价雇用来的工人已经基本掌握了排版印刷技术，于是就开始无缘无故找富兰克林的麻烦，无端克扣他的工资。富兰克林说："凯谋，别绕弯子了，你可以赶我走，不过，你放心，我富兰克林不会因为你的卑鄙就传授给他们错误的技术，将来你解雇他们的时候，他们凭借自己的手艺也可以很容易地找到工作。"说完，富兰克林收拾行李离开了。

富兰克林的做法是大度的，不与卑鄙小人置气，选择离开，是一种淡定的表现。

人生需要更多的智慧，用这些智慧来解决问题。不以消灭对方或简单暴力的方式结束彼此关系，可以给自己和冲突方最大的回旋余地，何乐而不为？比如，对待一个长舌妇，以牙还牙就失去了身份，一笑而过、沉默不语也未必不是一种很好的还击方法，必将使之感到羞愧。

忍耐并非懦弱，而是一种淡定。俗话说：忍字头上一把刀。这把刀让你痛，也会让你痛定思痛。这把刀，可以磨平你的锐气，但也可以雕琢出你的勇气。百忍成钢，当你的心性修炼得有如镜子般明彻、流水般圆韧时；当你切切实实生活在不以物喜，不以己悲的宁静中时；当你发觉胸中不断流动着"虽

千万人而吾往矣”般的勇气时，历经千锤百炼，你的刀也就炼成了。

其实，我们不难发现一点，那些事业有成或者能力突出者，反而会成为人们抨击、伤害的对象。当你事业有成时，你可能不会再为日常生活中的柴米油盐和孩子的学费发愁，也不再像事业初创时期那样疲于奔命，但新的问题又来了，那就是那些嫉妒者的诽谤，竞争者的诋毁，在你的生活圈内，关于你的谣言四起，攻击你的语言风起云涌。比如，他们会谣传因第三者的出现，你与爱人即将离婚；你与某个明星走得很近等。面对种种谣传，你该怎么做?

你绝对不能因此而生气，更不能大动肝火，如果真这样，你只会越描越黑，让他人产生很多无端的猜忌，另外，你也不必因为这些空穴来风的话而大伤脑筋。其实如果你能做到内心淡定，并包容这些伤害，凡事不做过多的解释，一笑置之便是最好的回击。

有一天，在拥挤喧闹的百货大楼里，一位女士愤怒地对售货员说：“幸好我没有打算在你们这儿找‘礼貌’，在这儿根本找不到！”

售货员沉默了一会儿说：“你可不可以让我看看你的样品？”

那位女士愣了一下，笑了，售货员的幽默打破了他们之间的尴尬局面。

当事情变得很严重的时候，如果我们能大度一点，笑对他

人对我们的伤害，便可巧妙地避免麻烦和纠纷。如果那位售货员对于争吵也采取一种较真的态度，或者大发脾气，那对大家又有什么好处呢？无非是更加激化双方的矛盾。正因为意识到这一点，这位售货员巧妙地批评了那位女士的无礼，从而制止了进一步的争论。

其实，人生只要不存在原则上的对立，就没必要战火不休，没必要硝烟弥漫，没必要明争暗斗，更没必要老死不相往来。淡定者往往能表现出豁达包容的气度，他们更能得到别人的尊重和帮助，他们会因为谦和的姿态避免成为别人的攻击目标，他们有着更加和谐的人际关系，从而使自己的工作、事业、生活顺风顺水。

所以，请淡定一点吧，如果是恶意伤害的话，你可以一笑了之，因为一定是你在某一方面做得很好，可能别人是出于嫉妒的心理。对于这一类人你可以不用管他，继续走自己的路，过自己的生活。

忍耐不是软弱，而是一种心灵的超越

当今社会，处处存在激烈的竞争，与对手较量，难免会产生利益冲突。此时，那些以大局为重的聪明人绝不会逞一时之勇，与对手斗气，而是先隐忍过去，以退为进，隐藏实力，并

伺机而动，厚积薄发。尤其是当自己还羽翼未丰时，更要懂得韬光养晦，这是保存实力、积蓄力量的过程。“退避三舍”的故事想必都听过：

春秋时候，晋献公因为听信谗言，杀了太子申生，又派人捉拿申生的异母兄长重耳。重耳事先知晓此消息，就逃出晋国，在外流亡十几年。后来，经过一番跋山涉水，他来到了楚国，楚成王是个有远见卓识的君王，他认为重耳日后必定大有作为，在闻讯重耳来到楚国后，便以国君之礼相迎，待他如上宾。

一天，楚王设宴招待重耳，两人饮酒叙话，气氛十分融洽。

忽然楚王问重耳：“你若有一天回晋国当上国君，该怎么报答我呢？”

重耳略一思索说：“美女侍从、珍宝丝绸，大王您有的是。珍禽羽毛，象牙兽皮，更是楚地的盛产，晋国哪有什么珍奇物品献给大王呢？”

楚王说：“公子过谦了，话虽然这么说，可总该对我有所表示吧？”

重耳笑笑回答道：“要是托您的福，果真能回国当政的话，我愿与贵国友好。假如有一天，晋楚国之间发生战争，我一定命令军队先退避三舍（一舍等于三十里），如果还不能得到您的原谅，我再与您交战。”

四年后，重耳真的回到晋国当了国君，就是历史上有名的晋文公。晋国在他的治理下日益强大。

公元前633年，楚国和晋国的军队在作战时相遇。晋文公为了实现他许下的诺言，下令军队后退九十里，驻扎在城濮。楚军见晋军后退，以为对方害怕了，马上追击。晋军利用楚军骄傲轻敌的弱点，集中兵力，大破楚军，取得了城濮之战的胜利。

这就是“退避三舍”的故事，以退为进，然后诱敌深入，从而给自己留下了主动出击的后路，获得最后的成功。

懂得减速和停止，是人生的一种境界。一味地追求高速度和高效益，也许并不能达到预期的目标，反而会适得其反，用了多大的冲劲，就能招致多大的损伤。或许就是因为有了喘息的机会，才有足够的体力进行下一步的飞跃。

生活犹如爬山，你的周围是群山峰峦，有上坡就有下坡。“上坡容易下坡难”，这是众所周知的道理。上坡大家都会一鼓作气地向前冲，或许中间不需要停下；但下坡时，如果你不懂得如何停止，那么你很可能摔得头破血流，即使是平地亦是如此。平地的时候你需要停止，因为你看不清楚前面的方向，就更需要适时地停下，或休息调整或稳定前行。

当今社会，与人交往亦是如此。不少人争强好胜，锋芒毕露，咄咄逼人。其实用点心机，适当“示弱”，并不是表示你无能，有时反而起到化解矛盾、以柔克刚的作用，取得意想不

到的妙效。承认“无知”，多学多问，是铺设走向成功之路的必备素质。学会了妥协，就能学会以屈求伸，以退为进，以静制动，以柔克刚，你才可能成为最后的胜利者。

以退为进，是平心静气的理智思考，有利于自己找到目标。打个比方说，人走在沙漠中，不知往哪个方向走，会心慌意乱，这就是为什么有些人会死在沙漠中。倘若能冷静下来，借助星辰找准方向，朝着一个方向走，会找到生存的希望。

以退为进，也不是一味忍让，而是为了实现双赢。在《将相和》的故事中，蔺相如一而再，再而三地忍让着廉颇，终于使廉颇认识到自己的错误，使自己和廉颇都能各尽其用，使赵国繁荣昌盛。

李嘉诚不贪小利，对于失败的竞争对手，他并没有死追穷打，而是留条财路给他人，最终使他自己成为亚洲第一富豪。以退为进，不仅为自己，也为了别人。

进，是我们每个人都追求的目标；退，则是为了更好地进。进退之间，方显智慧。

“退让”并不等于怠惰、麻木、迂腐和世俗，毫无忧患意识和危机感。退让是自我意识的校正，自我心态的调整，是退一步海阔天空的气度，是绝处重生后的喜悦。退让是一种战术，也是战略，更是成大事的智慧。

不过，我们也不可能事事退让，妥协要看具体情况，要看你的目标所在。为了达到目标，可以在小事上做适当的让步。

这种妥协并不是完全放弃原则，而是以退为进，以屈求伸。我们要有长远的眼光，以大目标为我们的根本动力，适当的时候妥协，才会离我们的大目标更近一步！

看似退了一步，其实是更进一步

俗话说：“忍一时，风平浪静；退一步，海阔天空。”这是一种包容忍耐的气度，而不是胆小怯懦的退缩。有句老话说得好：“吃亏者长在，能忍者自安。”所谓忍，不是忍气吞声，而是一种大度；退，不是惧怕而退，而是谦让宽容。退一步，不是怯懦、退缩、屈服与逃避；退一步，是忍耐、坚韧、大度的胸怀。

那些做事爱较真的人，在人际交往中，总是吃不开。这就再次证明，“难得糊涂”确实是一剂人生“良药”。小则使自己免受伤害，大则能助自己飞黄腾达。正因为如此，“难得糊涂”已经深入到许多成功者、希望成功的人的心头，真的成了人生的信条。

美国第三任总统杰斐逊与第二任总统亚当斯从交恶到宽恕也是这个道理的显现。

杰斐逊曾是美国总统，在他就职前夕，他来到白宫，目的是想表明自己的立场，想告诉亚当斯：他希望针锋相对的竞选

活动并没有破坏他们之间的友谊。

然而，就在杰斐逊准备开口前，亚当斯居然暴跳如雷，说：“是你把我赶走的！是你把我赶走的！”之后好多年，他们二人都没有来往。

后来一次，杰斐逊的几个邻居去探访亚当斯，这个坚强的老人仍在诉说那件难堪的事，但接着冲口说出：“我一直都喜欢杰斐逊，现在仍然喜欢他。”邻居把这话传给了杰斐逊，杰斐逊便请了一个彼此皆熟悉的朋友传话，让亚当斯也知道他的深重友情。后来，亚当斯回了一封信给他，两人从此开始了书信往来。

这个例子告诉那些还在为鸡毛蒜皮的小事而与朋友老死不相往来的人，那些为了一些不值一提的小事与人大打出手的人，懂得退让是一种多么可贵的精神！我们要以宽容的心态对人，宽容是解除人际间的误会和不快的最佳良药，宽阔的胸怀能使你赢得朋友，能和那些伤害你的人化干戈为玉帛，因为宽容代表了理解，它是一扇心灵的大门，把心放宽一点，门就不会挤了。受到伤害，心中不快乃人之常情，但唯有以德报怨，唯有容人之过，才能赢得一个温馨的世界。释迦牟尼说：“以恨对恨，恨永远存在；以爱对恨，恨自然消失。”

古时候，有两个人，分别叫王黎和陈昆，他们是邻居，祖祖辈辈都是相交甚好的邻居。一天夜里，王黎偷偷地将隔开两家的竹篱笆向陈昆家移了一点，以便让自己的院子宽一点，恰

好被陈昆看到了。王黎走后，陈昆不但没有追上去大骂一顿，反倒将篱笆又往自己这边移了一丈，使王黎的院子更宽敞了。王黎发现后，很是愧疚，不但还了侵占陈家的地方，而且还将篱笆往自己这边移了一丈。

陈昆的主动吃亏，让王黎感到内疚，他觉得自己是在“以小人之心度君子之腹”，这就欠下了陈昆的一个人情，即使他还了这个人情，但每当他想起时，他还是会内疚，还是会想法报答陈昆。

这个故事中，陈昆在看到邻居王黎的行为后，不但没有抓住机会“讨回公道”，反倒给对方更大的空间，表面上是陈昆吃了点小亏，但实际上因为他会吃亏，反而赢得了王黎的友谊和尊重。

说起来简单，但现实中又有几人能付诸行动？在别人不小心触犯到你的利益时，一句“我不介意”大可以一笑了之；在别人犯了无心之失时，你也可以说一句“没关系”；在别人观点发生分歧时，说一句“这没什么”。这寥寥数语虽然人人会说，可又有多少人能将它深植在心中？世间有多少人为公车上的磕磕碰碰争得面红耳赤？多少人为生意场上的蝇头小利争得你死我活？多少人为了学术上的不同观点弃斯文于不顾？在那一刻这些人有没有想到“退一步海阔天空”的道理呢？我们的世界五彩缤纷，每个人都是一个独立的个体，任何人都不能将自己的思想、行为强加于人，而我们又必须在同一片天空下

生活，人类要和谐共处就必须要学会宽容，如那尊弥陀寺的大佛，展开胸襟，绽开笑脸，接纳天下事，心灵便比大地更厚重，比天空更广阔。

那么，我们该如何做到退一步呢？这需要我们站在他人的角度来思考问题，或者多想想这件事情所带来的好处，凡事都有它的两面性。

其实，生活中有很多事都是我们所无法掌控的。大家都想占便宜，又哪里有那么多的便宜让人来占呢？保持一颗平常心，吃得起亏，也许真的会成为人生的一大幸事。在现代交际中，我们也要学会忍耐和包容，自己吃点亏，也是一个很好的交际方法，这会让我们在对方眼里变得豁达、宽厚，让我们获得更深的友谊，会使对方更心甘情愿地帮助我们。

懂得谦让，是一种做人的境界

古往今来，人们都强调竞争的重要性，敢于争取、勇于竞争，才能为自己赢得一席之地。尤其是在当前的社会转型期，市场经济条件下的竞争已呈现在社会的每个角落，人际间的竞争结果往往与人们的生存质量息息相关。因而，人们再也不能固守着自己的一片天地高枕无忧了。但我们还应该看到，一味地竞争，会给人际交往带来重重障碍。如果我们能

做到“淡泊名利”，不与人争抢，并加强合作，进而弱化竞争，就会给双方带来安全感，也只有这样，人们才愿意与你结交，才愿意和你一道工作。这是优化交际环境，提高交际质量的根本策略。

老子说：“不自见，故明；不自是，故彰；不自伐，故有功；不自矜，故长；夫唯不争，故天下莫能与之争。”不与人争抢，这是一种大智慧。正像“水”一样，利万物而不争，以其善下之，故能成其大；以其性柔弱，攻克天下之至坚。生活中，我们常能看到一种现象，有些人争强好胜，却常常事与愿违；有些人不争不抢，而常常坐享其成。这正应了人们常说的一句话：“有心栽花，花不开；无意插柳，柳成荫。”《菜根谭》中“烦恼皆因强出头”和心理学上讲的所谓“性格悲剧”不就是这个道理吗？不与人争又是一种大境界。“不争”其本身就是一种与人为善，就是对他人的一种宽容。“退一步”“让一时”能减少多少争执，省去多少烦恼，甚至避免多少灾难！

清康熙年间，在海宁，有个学富五车的人，但却孤傲自大，不肯为朝廷所用，让康熙费尽心机。最后，这个人终于答应进京面见天子。

那么，该由谁去接他呢？康熙又开始犯愁了，因为此人不仅富有学问，口头表达能力也让人惊叹，他有说不完的话。此次迎接活动，纪晓岚都推辞了，他觉得自己不能胜任，自知不

是海宁人的对手，康熙此时非常为难。

还是宰相说了一个人选，皇帝很满意。

宰相推荐的这个人是谁呢？原来是一个听力有障碍的人，一个大字不识几个的武官，长相倒是很儒雅。倘若你骂他，他就装着听不见；你表扬他，他比谁都听得清楚。

于是，此人出发了。接到海宁人以后，海宁人谈天说地，卖弄本事，倒真是个上知天文、下通地理之人，说话即是吟诗，开口就是学问。而这个武官马步站桩，坐在船头，不时“唔唔嗯嗯”。任凭你口吐莲花，口燥唇干，他只是捻须微笑，一个字也不发。

这海宁人开始还饶有兴趣，谈古论今，闹腾到后来，觉得索然无味，及至上了岸，到了京城地面，像经了霜的茄子，恹恹的提不起半点精气神。他始终没弄明白康熙派来的接船人到底有多大学问。

这只是一个故事，但这其中却蕴含着一个很大的哲理。现实中我们通常会见到某些人为了一些小事而争论不休，最后搞个面红耳赤、不可开交。人之患在好为人师，与人交往，退后一步，反而更有利于前进，正验证了“无欲则刚，有容乃大”这个道理。

成大事者，不会是小气的人；成气候的商人，也绝对不是目光短浅，斤斤计较的人。因为他们懂得，暂时的谦让也许会带来更多的机会和收益。

与人交往，凡事争第一，很容易成为众矢之的；而只有做到低调行事、懂得隐藏自己，即使吃点亏，你也赢得了人心，那么你自然就是别人眼中的“好人”，拥有了好人缘，荣誉和信任必将接踵而至。

第11章　淡然生活，甩掉内心的焦虑浮躁

生活由于有了太多的计较和在乎，所以我们常常感觉到很痛苦，失去了快乐，感受不到幸福。事实上，你真正去探究那些你所计较和在乎的东西，便会发现它们只不过是过眼云烟，根本没有你想象的那么重要。因而，如果我们能淡然一些面对生活，那么，你会惊奇地发现，原来自己也可以这么快乐，日子可以这么幸福地过。

浮躁的人生态度，毁了多少人

生活中，总是有太多的诱惑，让我们身陷“囹圄”，焦躁不安。这时候，人往往需要迅速地让自己的内心平静下来。否则，你总是生活在亢奋当中，濒临崩溃的边缘。当然，打开心结是关键。可是，既然你如此纠结，那么心结也不是一时半会能够释然。这时，不妨听点音乐，看个漫画，抑或是喝杯清茶，读一本好书，以此来陶冶性情。在不知不觉中，你的心就会慢慢地平静下来了。

在一次朋友的聚会中，欣然被一个漂亮的女孩深深地吸引住了，一打听得知，女孩是某医院的护士，刚好也没有男朋友。欣然喜出望外，展开了对女孩的疯狂追求。

他从朋友那里要来了女孩的电话，经常给女孩打电话，两人在电话里聊得很好。后来，欣然大胆地约女孩吃饭，女孩也没有拒绝。当欣然表白之后，女孩却说两人只适合做朋友，这让欣然多少有点失望。

但是欣然并没有放弃，而是更加执着，经常到女孩工作的医院去找她，还时不时给她送花，买衣服等。可是不管他怎么努力，女孩始终不同意做他的女朋友。欣然觉得，或许是女孩在考验他。

这天，他去女孩工作的医院门口等她下班。不一会儿，女孩出来了，可是身边却多了一个男人，从女孩的表情中，欣然感觉到她特别喜欢那个男人。这一幕让欣然无法接受。他觉得天一下子塌了下来。

他跌跌撞撞地回到了家，一下子倒在了床上。可是几分钟之后，他从床上蹦起来，跑到附近的超市买了很多酒，回家便灌了起来，一边喝，一边嚎啕大哭。正在这个时候，他的一个朋友打电话进来了，从电话里听到欣然的哭声，迅速赶了过来。

朋友不停地安慰欣然，可是没有起到一点作用，反而让欣然更加痛苦。无奈之下，朋友打开了音响，一首舒缓的轻音乐缓缓地响了起来。慢慢地，欣然安静了下来。这时候，朋友冲了一杯浓浓的咖啡，放在了欣然的面前。欣然长长地出了一口气，端起了咖啡。

从那以后，每当欣然想起这件事情，感觉到痛苦万分的时候，他就打开音响，听听音乐，让自己的心迅速地平静下来。

故事中的欣然得知自己喜欢的女孩喜欢上了别人，而感觉到痛苦万分，内心狂躁不安，在这个时候，他听到了舒缓的音乐，迅速地平静了下来，然后喝了咖啡，重新燃起了对生活的希望。在此后的日子里，每当心情浮躁的时候，他都会以这样的方式来陶冶自己，把一切看得淡然一些。那么，究竟如何才能做到全神贯注陶冶性情，消除浮躁呢？

1. 让音乐完全占据你的思维空间

人在狂躁不安的时候，往往心会跳动很快，脑子里胡思乱想。这时候要想让自己迅速平静下来，不妨打开音响，让音乐完全占据你的思维空间。这样你就不会胡思乱想。而且舒缓的音乐能迅速调整你的心跳，慢慢地你就会完全陶醉在音乐里，也就不会再感觉到烦躁不安了。

2. 像孩子一样看点漫画和动画片

孩子天真无邪，没有太多的欲念，也不会感觉到痛苦。因而，在你感觉到痛苦万分的时候，赶紧打开电视，看一部动画片，或者是看一本漫画，让孩子的童真影响你的心。慢慢地你在渴望能有孩子们一样的简单和快乐当中，消除欲念，获得快乐，你的心因此而得到了安宁。

3. 精心泡一杯清茶或者煮杯咖啡

不可否认，清茶和咖啡有让人神清气爽的功效。如果你被

尘世的琐事弄得心烦意乱，不妨泡一杯清茶，或者是煮一杯浓浓的咖啡。当你喝完清茶和咖啡之后，你的痛苦会减少一半，而且清茶和咖啡能让你内心平静不少。

4. 看一本剖析人生得失的好书

人之所以痛苦，是因为看不透人生，放不下得失。当你用另外一个视觉去理解和认识之后，你会觉得一切不过是过眼云烟。因而，在你痛苦烦躁的时候，不妨寻找一本剖析人生的好书来读。好的文字能拨云见日，让你的心超脱世俗，从烦躁和痛苦中跳出来，享受人生的那份真挚。

平常心看世事，则事事平常

生活中，人们往往会受到各种各样的影响，从而导致心情浮躁。当心情浮躁的时候，如果不及时调整，那么很有可能因为冲动而做出一些极端的举动，从而破坏了自己平静的生活。事实上，如果我们能够及时冷静下来，理性思考，以一颗平常心对待生活，那么生活也许会为我们打开另一扇大门。

小王是一位高三学生，平时学习很努力，但是成绩总不见有提升，班主任也曾找过他谈话，对他说："我不指望你能上重点大学，但是你至少得考上一个本科。"

小王自己也很着急，一直学习到高考的前一天晚上，想着

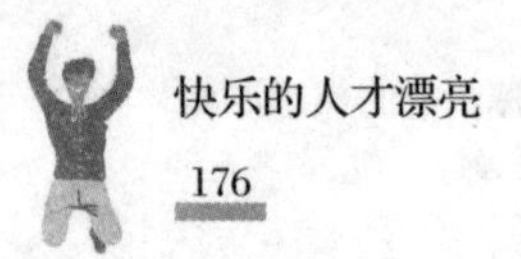

班主任的话，心中不免有些酸苦，心想："我高中三年也没有比别人少学半分钟，但是我的成绩却总提不上去，班主任的话明显有几分看不起我，我一定要在明天的考试中考出一个好成绩来给班主任瞧瞧。"小王越想越难以入眠，心情十分浮躁。

于是，小王独自一人悄悄地走出宿舍楼，到静静的操场上散步，操场上空气很新鲜，漆黑一片，只有蟋蟀的叫声。

小王的心逐渐平静下来了，然后就回到寝室去睡觉。

第二天的考试，小王感觉很不错，基本上一气呵成。

考试后的第二天，班主任让大家填自愿，小王想报考重点大学，但是班主任担心他考不上而影响了班里的升学率，于是让小王填写了一个三本大学。

一个月以后，高考成绩公布了，小王考了六百多分，在班里是第四名，按照他的成绩，考一个名牌大学是没有问题的。此时，小王心里非常不平衡，非常浮躁。

在查到成绩后的假期里，小王一直幻想着自己考上名校时候的情景：父母的微笑，老师的赞扬，同学们的羡慕……

于是，小王和父母商量后做出了一个惊人的决定：准备补习一年考清华或者北大。

又是一年刻苦学习，小王终于熬到了高考。

在填志愿的时候，小王很自信地填报了清华大学，很多人都投来了羡慕的眼光。

一个月后，高考成绩公布了，小王的成绩只有五百九十

多，比上一年要低。这时他才从梦中惊醒。此时家中已经没人支持他补习了。

小王的高考之路就此结束了。

在这个案例中，由于高考成绩与目标学校之间的落差造成小王心情的浮躁，但他没有及时冷静下来，理性思考自己的优缺点，导致做出了不理智的决定，最后导致高考之路的终结。所以，给浮躁的心情找个安静的角落是相当重要的。如何才能给浮躁的心情找一个安静的环境？

1. 心境要淡然

很多时候，我们浮躁，是由于放不下自身的名利，得到的时候，总想得寸进尺，失去的时候，总幻想假如没有失去该多好，浮躁往往在患得患失的心境中产生。要想克服这种患得患失的浮躁心境，不妨淡然一些，也许心自然就平静了。

2. 踏实走好每一步

人之所以浮躁，是因为理想和现实之间有太大的差异，理想很美好，现实很残酷。这个时候如果能够冷静下来，走好你当前的每一步，你就会发现，自己也并非想象中的那么伟大，当前的每一步也并非你自己想象中的那么艰难。

3. 清晰认识自我

浮躁之人，往往缺乏清晰的自我认识，看不到自身的缺点，总觉得自己什么都能干，结果往往会失败而归，因此，浮躁的时候，一定要清晰地认识自我。具体来说，首先要多反思

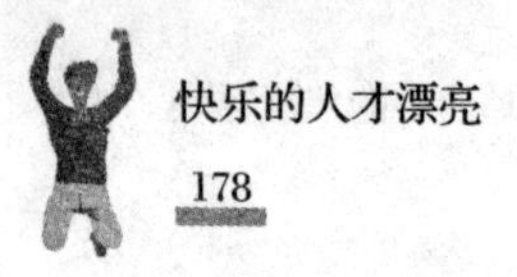

自己曾经失败的原因，其次要多听取周围人的建议。

4. 要懂得向生活妥协

每个人都希望自己成为生活的强者，但是很多时候往往事与愿违，这个时候我们不妨向生活妥协，承认自己不是那么伟大，也许心中放不下的名利此时也就不那么重要了，这样也许能够得到一个平静的心情。

步步为营，踏踏实实做事

生活中，我们渴望能拥有更多。因此看到别人的成功，总是想让自己也能获得和别人一样的高度，做不到便觉得痛苦无助。事实上，冰冻三尺非一日之寒，我们在看到别人的成就的同时，却没有看到别人付出的努力和经历的艰辛。因而，要想站得高，就要一步一个台阶，慢慢地往上爬。

肖辉和党宇是非常要好的朋友，这天，他去党宇家玩的时候，恰巧看到了党宇的爷爷在写毛笔字，于是凑上去观看。老人家的毛笔字如行云流水一般，变化莫测。而肖辉也很喜欢书法，可是一直以来总是写不好。

看到老人家的毛笔字写得这么好，再看看自己，肖辉觉得脸上火辣辣的。于是他暗暗下决心，一定要练成老人家一样的功力。从那之后，他每天都趴在桌子上练习书法，过了半个

月，他觉得自己的水平还是没有半点提高，因而非常痛苦，为什么老人家都能做到的事情，自己一个二十多岁的小伙子却做不到呢？

在接着练习了半个月之后，肖辉不再练习了，他觉得自己根本不是那块料。为此，他每天唉声天气，闷闷不乐。党宇知道后，前来看望他。当他得知肖辉的痛苦之后，答应求爷爷帮助肖辉。

这天，党宇带着肖辉来找爷爷。老人家笑呵呵地说："年轻人，你有要练好书法的想法是好的，可是你现在不论如何努力，都不可能达到我这样的境界。"肖辉不解地问："为什么呢？难道您的功力是天生的？"老人家笑着说："我今年八十有三了，我从你那个年纪练起，整整练了六十多年，才有今天的成就，而你练习书法又练了几天呢？你凭什么觉得你应该有我这样的境界呢？"听了老人的话后，肖辉茅塞顿开。

故事中的肖辉在发现党宇的爷爷书法写得行云流水后，和自己进行了比较，看到了差距，所以非常痛苦。后来，在老人家的开导之下，他明白了其中的缘由。由此可见，做任何事情都需要一个过程，不可能一步到位。只有一步一个台阶，不断的积累，才能爬得高看得远。那么，究竟如何才能做到一步一个台阶呢？

1. 要有清晰到位的认识

要想让你做事更加踏实，那么一定要有个清晰到位的认

识，这是做好事情的前提。要知道究竟你在做什么事情，需要付出什么样的努力，这样做起事情来你才能有个心理准备。比如，小强想要练习打拳，想要赢得比赛的冠军，他明白需要付出巨大的牺牲，所以，他每天不和朋友们一起玩，而是一心一意地钻进拳击馆里勤学苦练，最终打败了对手赢得了冠军。

2. 做事的态度一定要端正

想不想做好事情是态度的问题，而能不能做好是能力的问题。如果能力不行，可以苦练，但是态度不端正，是无论如何也做不好事情的。因此，在做事情之前一定要端正你的态度。事实上，也只有端正了态度，你才能严肃认真地对待，才能真正意义上一步一个台阶。

3. 要有持之以恒的决心

任何事情都不是一朝一夕能做成的。你看到别人取得的辉煌，那是别人付出了艰辛的努力之后才得到的。因而，如果你也想和别人一样辉煌，那么你就要有持之以恒的决心，付出艰辛的努力。如果一遇到困难就想放弃，那么你是无论如何也不可能达到别人一样的高度的。

4. 要耐得住寂寞和无聊

要想取得辉煌，就要耐得住寂寞和无聊，因为别人在玩乐的时候，你在勤学苦练，这是个枯燥的过程，需要你独自面对和承受。如果你耐不住寂寞，那么你的心不能完全用到你的练习上，那样无论如何也不会得到你想要的结果。

专注做事，才能把事情做好

在生活中，我们总是过高地估计自己的能力，觉得自己这个也能行，那个也能干，可是最终一事无成。事实上，人的精力是有限的，如果不能一心一意，往往两件事情哪个也做不好。与其这样，不如专心致志做好一件事情。而只有这样，才能把事情做到最好，才能收获你所渴望的成功。

晴晴和文文是非常要好的姐妹，她们都特别喜欢小提琴演奏。事实上，她们结识也是在小提琴演奏班里。相比之下，晴晴的天赋更高一些。可是在一次小提琴演奏比赛中，文文却拿了奖，而晴晴早早就被淘汰了。原因很简单，晴晴在学习小提奏的过程中不能专心。

原来，晴晴今年已经满16岁了，出落得非常漂亮。所以身边总有一些小男生在追求她。尽管晴晴不予理睬，可是为了不伤害男生，所以有时候也会和他们出去吃饭，晚上也在煲电话粥。更要命的是在接触的过程中，晴晴喜欢上其中一个帅气阳光的男生。

那一段时间，晴晴练琴的时候总是走神，业余时间也很少碰琴，她的大部分时间都被恋爱占据了，非但没有进步，还退步了不少。为此，晴晴没有少挨老师的批评。而这个时候的文文，却每天专心致志地练习演奏，演奏技巧百尺竿头更进一步。

终于一年一度的小提琴演奏比赛开始了。晴晴和文文都报名参加了，晴晴觉得这个奖一定属于她。刚上台不久，她就觉得越来越吃力，很多以前练习得非常熟练的动作和技巧，一下子生疏了起来，演奏出来的音乐也非常难听。而文文的演奏却非常流畅，很明显，这个阶段她取得了巨大的进步。

演奏失败后，晴晴非常后悔。因为这个奖对于她们这个年龄的孩子来说非常重要，甚至直接决定着以后的演奏生涯。她认真做了检讨，重新一心一意投入到练习中去了。

故事中的晴晴，由于谈恋爱分心，致使她荒废了小提琴演奏的练习，结果造成了她与奖无缘的结果。而相反，资质稍差的文文却一心一意地刻苦练习，取得了巨大的成功。可见，做任何事情都不能三心二意，否则你什么事情都做不好。那么，究竟如何才能做到一心一意呢？

1. 看清楚目标

很多人在做事情之前很清楚自己的目标，可是在这个过程中，随着社会诱惑的增多，慢慢地让自己的目标模糊了。要想成功，就要时时刻刻看清楚自己的目标，不要被社会的诱惑所俘虏。当然，这并不是一件容易的事情，因为并不是每个人都有毅力能经得住诱惑。

2. 要有坚定的信念

世上没有随随便便的成功，任何事情都不可能一帆风顺。在做事情的时候，如果遇到困难和挫折，千万不要气馁，也不

要动摇和放弃，一定要有坚定的信念，这些困难和挫折是必不可少的，而且也是能够克服的。只要你有了想要成功的坚定信念，相信你不会被困难和挫折所打败。

3. 不要和别人比较

每个人的社会关系不一样，能力不一样，因此，在走向成功的路上所付出的努力也是不一样的。因此，不要随便和你周围的人做比较。如果与比你强的人比较，会让你产生自卑的情绪；和比你弱的人比较，会让你产生骄傲自满的情绪，这样对你的进步没有任何的帮助，还会影响你前进的步伐。

4. 要做到心无杂念

思维决定着行动，当你的心里胡思乱想的时候，你的行为也会受到一定的影响。这无益于你最终走向辉煌，反而成为你前进路上的绊脚石。因而，要想做到一心一意，就要做到心无杂念。事实上，也只有这样，你做事情的动力才会最大，态度才会最好，才能真正大踏步前进。

参考文献

[1]戴尔·卡耐基. 快乐的人生[M]. 北京：中国友谊出版公司，2013

[2]张海军. 快乐的人生经营课[M]. 北京：国家行政学院出版社，2011.

[3]凯文·莫里斯. 克服忧虑[M]. 上海：上海社会科学院出版社，2018.

[4]埃德蒙·伯恩，洛娜·加拉诺. 应对焦虑：九种消除焦虑、恐惧和忧虑的简单方法[M]. 北京：机械工业出版社，2017.